中国石油有形化技术汇编

 中国石油天然气集团公司科技管理部　编 ▶▶▶

石油工业出版社

内 容 提 要

　　本书内容涵盖了近年来中国石油 110 余项标志性技术，简要介绍了各项技术的技术内涵、技术框架、推广应用及取得专利等方面情况。

　　本书可供油气行业的科研工作者与管理人员参考使用。

图书在版编目（CIP）数据

中国石油有形化技术汇编／中国石油天然气集团公司科技管理部编 . —北京：石油工业出版社，2018.1
　　ISBN 978-7-5183-2383-8

　　Ⅰ.①中… Ⅱ.①中… Ⅲ.①石油工业－工业技术－汇编－中国 Ⅳ.① TE

　　中国版本图书馆 CIP 数据核字（2017）第 312190 号

出版发行：石油工业出版社
　　　　　（北京安定门外安华里 2 区 1 号　 100011）
　　　　　网　　址：www.petropub.com
　　　　　编辑部：(010) 64523543
　　　　　图书营销中心：(010) 64523633
经　　销：全国新华书店
印　　刷：北京中石油彩色印刷有限责任公司

2018 年 1 月第 1 版　 2018 年 1 月第 1 次印刷
850×1168 毫米　 开本：1/32　 印张：12
字数：310 千字

定价：180.00 元

前　言

　　中国石油天然气集团公司（以下简称中国石油）主营业务不断发展有力地驱动了科技进步，取得了许多重大科技成果，形成一批先进实用的成熟技术，但许多技术依然存在集成不足、配套不够，隐藏在专家脑海里，技术传承受人约束等问题。随着世界一流综合性国际能源公司的建设需要，开展技术有形化工作使隐性技术显性化，把技术从个人手中、脑中挖掘出来，利用有形载体抓手推广技术规模应用，形成技术资产传承共享，是中国石油科技工作一项重要的创新任务。

　　有形化定义：把技术、产品、工艺、软件、解决方案、理论方法等物质或非物质形态的事物，通过标准化、规范化、流程化等知识管理的手段，形成一种可以复制、生产和发表的能力，通过有效的载体和手段，实现技术的有形传承、内部共享和推广应用，使技术成为资产，实现价值最大化。

　　有形化构成：技术有形化主要由"技术载体、技术持有人和技术表征"三位一体构成。技术有形化流程包括"技术开发、技术集成和技术应用"三个环节。

　　有形化目标：探索技术有形化实施运作机制，建立技术有形化商业化流程；创造技术有形化模板与表现形式，如技术手册、宣传册、DVD宣传片、展板、模型等形式；推动集成配套、先进适用的有形化技术走向国内外市场，提升中国石油自主创新能力和核心竞争力。

　　有形化原则：技术有形化按照"总体设计、突出特色、持续实施、形成资产、共享传承、推广传播"的原则开展工作。

　　有形化实施：科技计划项目全面有序有节开展有形化工作，先期示范性完成了低渗透油气田开发、聚合物驱、润滑油等30项特色技术的有形化集成。2012年，围绕"十一五"形成的重大装备、软件和配套技术，完成了前陆盆地复杂冲断带构造建模与成像、天然气地质理论与检测、凝析气藏高压循环注气、高钢级管件、劣质重油加工、柴油加氢改质等22项有形化技术集成。2013年以来，针对32项+30项+20余项标志性技术和技术利器，进行了内涵特征实质刻画梳理和外延使用价值美化包装的有形化工作。截至"十二五"末，共完成中国石油集团公司层面技术与利器以及企业层面特色技术有形化集成近200项。

有形化成果：技术有形化探索与实践，加速了技术传承与传播，推进了技术资产沉淀和共享；凝练了有形化理论与方法，塑造了有形化载体表征，创造了有形化模板流程；扩大了有形化技术宣传展示，搭建了技术市场桥梁。组织有形化技术海外应用交流，在苏丹、哈萨克斯坦、土库曼斯坦、加拿大、莫桑比克和印度尼西亚等国深受欢迎；2014年，制定下发了中国石油天然气集团公司关于加强技术有形化工作的指导意见，2016年，中国石油天然气集团公司科技大会设特别展馆展示播放印发了有形化技术成果，促进了有形化工作常态化转变，带动了中国石油重大专项有形化工作，引领影响了企业自觉开展有形化，感知共识了有形化作用与价值。

目 录

第三部分　石油工程领域

第四部分　炼油化工领域

第一部分

油气勘探领域

1.1 岩性地层油气藏勘探评价技术

技术依托单位：中国石油勘探开发研究院。

技术内涵：6项地质认识或理论，7套评价流程与方法，10项核心技术/产品，3套软件集成/产品，18件专利，10项技术秘密。

技术框架：

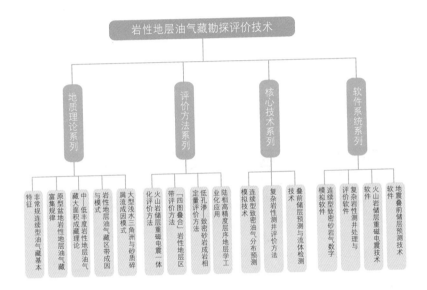

21世纪以来，随着中国陆上油气勘探重心总体从构造油气藏向岩性地层油气藏转移，岩性地层大油气田目前已进入发现高峰期。

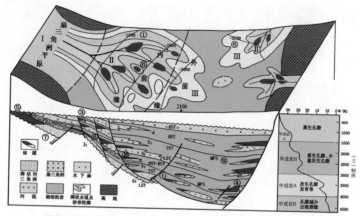

岩性地层圈闭形成要素示意图（以辽河西部凹陷斜坡为例）

①岩性尖灭线；②地层超覆线；③地层剥蚀线；④物性变化线；⑤流体突变线；
⑥构造等高线；⑦不整合面；⑧断层面；⑨洪泛面；⑩顶底板面

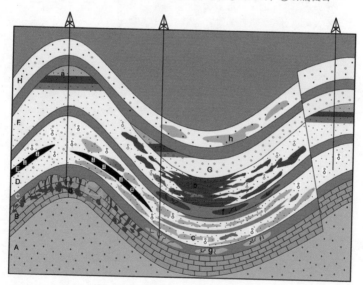

含油气盆地连续型油气藏分布模式图

A—基岩；B—碳酸盐岩；C—页岩；D—细砂岩；E—煤层；F—粗砂岩；G—砾岩；
H—盖层；a—构造油气藏；b—连续型砂岩油藏；c—连续型砂岩气藏；
d—连续型碳酸盐岩缝洞油气藏；e—煤层气；f—页岩油；g—页岩气；h—生物气

　　岩性地层油气藏勘探评价技术主要由地质理论、评价方法、核心技术、软件系统四大部分构成，是实现岩性地层油气藏快速评价、规模勘探、储量增长的技术保障。

　　岩性油气藏勘探评价技术已在中国石油系统内广泛推广应用，为岩性地层油气藏区带优选和目标评价发挥了重要作用。"十五"以来中国石油相继在松辽、鄂尔多斯、四川、准噶尔、塔里木等盆地发现了多个亿吨级以上的大型岩性地层油气田，并已形成了十个 $(5 \sim 10) \times 10^8 t$ 级储量规模的大油气区，展示出其较大的勘探潜力。岩性地层油气藏已经成为目前中国陆上最重要的勘探领域和储量增长的主体，2003 年以来，中国石油岩性地层油气藏探明储量占总探明储量的比例已达到 60% ～ 70%。

　　专利列表（部分）：

序号	专利名称	专利号／申请号
1	基于小循环平面多极同步基点的地面自然电位数据采集处理方法	ZL200810110901.0
2	一种基于地球物理勘探中的重磁数据处理方法	ZL200810110500.5
3	一种井震结合定量预测砂岩储层流体饱和度的方法	ZL200910084537.X
4	一种控制全声波方程反演过程的地震勘探数据处理方法	ZL200810116714.3
5	一种根据声波时差和密度反演孔隙扁度进行储层渗透性评价的方法	ZL200910242179.0
6	一种油气运移路径生成方法与装置	ZL201010219162.6
7	储层成岩模拟系统—实用新型	ZL201120530914.0
8	一种烃源岩有机碳含量的测定方法	201110432487.7
9	连续型致密砂岩气分布的预测方法	201010209854.3
10	一种致密砂岩储层成藏孔喉半径下限的测定方法与装置	201210206748.8

续表

序号	专利名称	专利号／申请号
11	一种用于模拟沉积岩成岩过程的反应装置	201310057211.4
12	一种非均质储层的非等效体建模方法及装置	201210387196.5

（其宣传册和宣传片详见中国石油网站）

专家团队：贾承造、赵文智、邹才能 等

联系人：袁选俊

E-mail：yxj@petrochina.com.cn

联系电话：010-83597582

1.2 天然气勘探开发技术

技术依托单位：中国石油西南油气田公司。

技术内涵：25 个技术系列，108 项单项技术/产品，62 件专利，71 项技术秘密，19 项软件著作权。

技术框架：

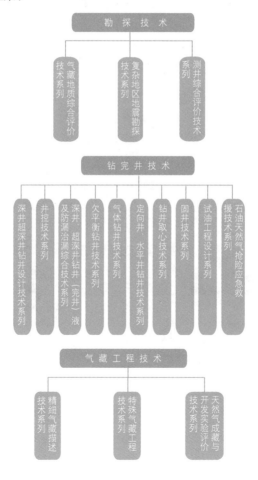

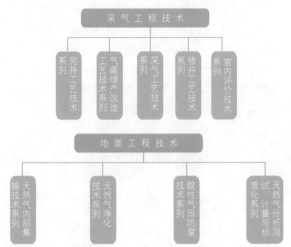

中国石油致力于陆上和近海的天然气勘探开发，成功开发了各类异常高压气藏、高含硫气藏、有水气藏、特低渗透气藏、碳酸盐岩气藏、疏松砂岩气藏和火山岩气藏等复杂天然气勘探开发技术。特别是四川盆地、鄂尔多斯盆地的天然气勘探开发，成功解决了低孔低渗、复杂地表、特高含硫、高陡构造等世界级难题。

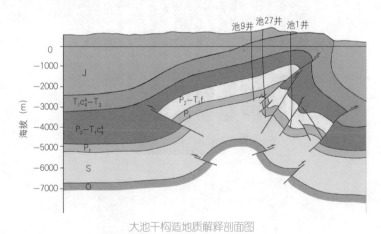

大池干构造地质解释剖面图

重庆天然气净化总厂

经过 50 多年的科技创新和技术积累，现已形成了天然气勘探、钻完井工程、气藏工程、采气工程和地面工程五大专业领域 25 项特色技术系列。

天然气勘探开发技术广泛应用于国内外天然气勘探开发市场，并为包括壳牌、道达尔、德士古在内的众多国际知名石油公司和中亚、南亚等国的石油公司提供服务。

专利列表（部分）：

序号	专利名称	专利号 / 申请号	备注
1	一种抑制金属腐蚀的缓蚀剂及其制备方法	151241turkmenistan	土库曼斯坦
2	低伤害压裂液体系	200910091732.5	
3	钻井固体废弃物制免烧砖胶结剂	201010130404.4	
4	一种防止高含硫酸性气田天然气水合物形成的抑制剂	200810115213.3	
5	一种强制混合尾气灼烧炉	201010122084.8	
6	一种环流泡沫分离硫化氢氧化生成硫黄的方法	200910083005.4	
7	一种甲烷经液相直接转化制甲醇的反应器	200620158733.9	

续表

序号	专利名称	专利号 / 申请号	备注
8	一种天然气提氦的方法	201210255340.X	
9	高温气井泡沫排水室内模拟实验装置	201020570755.2	
10	自吸入负压气提式含硫污水净化装置	201020121702.2	
11	一种扩张式封隔器抗水击进液装置	201120250383.X	
12	高效节能冷却器	201120354737.5	
13	一种循环滑套	201020138354.X	
14	微功耗阴极保护电位数据自动采集器	200510114259.X	
15	制氮机组的膜管组结构	200820062393.9	
16	泡点反应器气相放空自动控制装置	200620134157.4	
17	窄馏分液相烃类惰性气推动建立气相循环方法及装置	200510073245.8	
18	全罩型橇装膜分离制氮装置	200810044899.1	
19	声阱消声器	200820078491.1	

（其宣传册和宣传片详见中国石油网站）

专家团队：戴金星、陈更生、黄先平 等

联系人：李季

E－mail：Liji@petrochina.com.cn

联系电话：028－86012433

1.3 天然气地质理论与检测技术

技术依托单位：中国石油勘探开发研究院。

技术内涵：2 个地质理论，2 个特色技术系列，14 项特色技术，8 件专利。

技术框架：

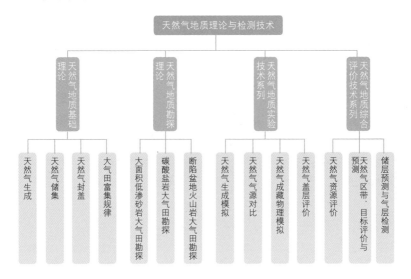

随着全球能源消费结构逐渐向低碳化转变，天然气在一次能源消费中的比例逐渐增大。天然气地质理论与检测技术是天然气勘探的重要理论基础和实践手段，是解决天然气资源接替、确保天然气储量和产量快速稳步增长的重要保障。

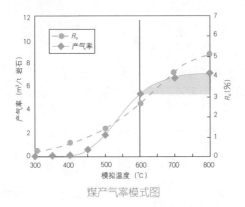

煤产气率模式图

中国石油拥有国内专门从事天然气勘探研究的专业机构。经过多年的技术攻关，在天然气生成、储集、封盖，大气田成藏机理和富集规律，天然气地质实验和综合评价等方面取得重要进展，形成了天然气地质基础理论、天然气地质勘探理论两大理论系统，以及天然气地质实验技术、天然气地质综合评价技术两大技术系列，有力地推动了天然气勘探的突破和大气田的发现。

天然气地质理论与检测技术为中国石油储量高峰期工程提供了理论和技术保障，已成功应用于中国的四川、鄂尔多斯、塔里木、柴达木、准噶尔、松辽、吐哈、渤海湾等气区的勘探实践，解决了天然气储量接替问题，保证了天然气储产量的快速增长。

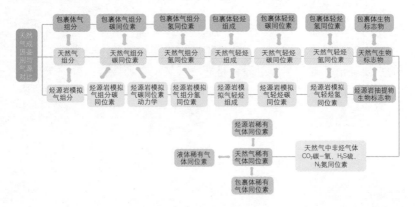

专利列表（部分）：

序号	专利名称	专利号 / 申请号
1	一种惰性气体萃取和分离的制样	201020269937.6
2	一种惰性气体萃取和分离的制样系统及其应用	201010236355.2
3	用于制备岩石包裹体中稀有气体的球磨罐及方法	201210186623.6
4	用于制备岩石包裹体中稀有气体的球磨罐	201220123378.7
5	天然气中生物标志物的分析方法	201210100118.2

（其宣传册和宣传片详见中国石油网站）

专家团队：戴金星、魏国齐、焦贵浩 等

联系人：李剑

E-mail：Lijian69@petrochina.com.cn

电话：010-69213414

1.4 富油气凹陷精细勘探理论和技术

技术依托单位：中国石油勘探开发研究院。

技术内涵：4 项勘探理论认识，8 项特色技术。

技术框架：

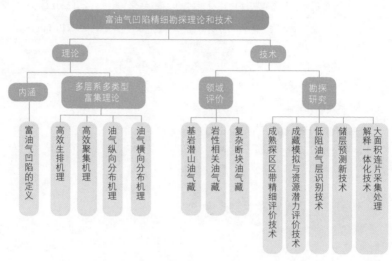

富油气凹陷是指已发现亿吨级以上规模油气探明储量、资源丰度超过 $10 \times 10^4 t/km^2$ 且勘探潜力大的凹陷。该类凹陷面积虽然通常仅占全盆地面积的 30%，但储量大，截至 2010 年年底已发现探明储量占全盆地总数的 90%，剩余资源量依然还占全盆地的 80% 以上。

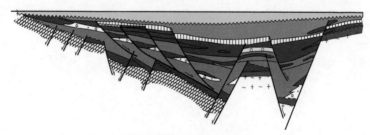

富油气凹陷油藏剖面模式图

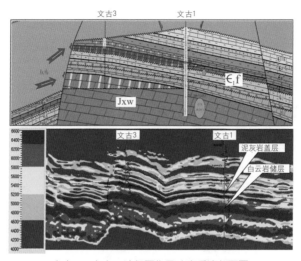

文古3—文古1油气聚集及速度反演剖面图

富油气凹陷多层系、多储集体、多圈闭类型，使油气藏纵向叠合平面连片；多种类型油气藏围绕主力生油洼陷分布，整洼含油并可形成大油气田。"多层系富油、多类型并存、连片含油"是富油气凹陷油气富集的典型特征。多层系多类型富集理论主要包括高效生排机理、高效聚集机理、油气纵向分布机理及油气平面分布机理。现已形成了8项油气藏评价技术，包括大面积连片采集处理解释一体化技术、储层预测新技术、低阻油气层识别技术、成藏模拟与资源潜力评价技术、成熟探区区带精细评价技术。

根据凹陷自身地质特征，冀东、大港、辽河、华北等油田运用富油气凹陷精细勘探理论与技术，相继获得了大的发现与突破。

（其宣传册和宣传片详见中国石油网站）

专家团队：胡见义、高瑞祺、谯汉生 等

联系人：刘海涛

E-mail：Liu_haitao@petrochina.com.cn

电话：010-83597583

1.5 被动裂谷盆地勘探配套技术

技术依托单位：中国石油勘探开发研究院。

技术内涵：1个理论，3个技术系列，8项特色技术。

技术框架：

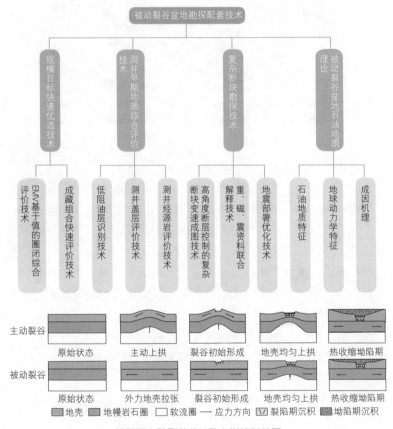

被动与主动裂谷盆地动力学机制差异

裂谷盆地是世界上最有利的含油气盆地之一，从地质成因上可以分为主动裂谷和被动裂谷盆地。被动裂谷盆地的概念早在1978年就有学者提出，基本含义是非地幔隆升导致的裂谷盆地。1996 年以来，以童晓光院士为首的中国石油科研团队以中西非裂谷系为对象，开始关注被动裂谷盆地，对被动裂谷盆地成因机理、分类、地质模式和油气成藏模式开展深入研究，形成了被动裂谷盆地油气地质理论，结合国际油气勘探的特点，集成了一套被动裂谷盆地勘探配套技术，包括复杂断块勘探技术、油井早期地质综合评价技术、规模目标快速优选技术 3 个技术系列。

中西非被动裂谷盆地形成模式

理论认识和技术创新带动了勘探的发现，苏丹 Muglad 盆地 1/2/4 项目取得巨大的经济效益，建成年产 1500 万吨级的大油田；南苏丹 Melut 盆地 3/7 区项目在两年内快速发现 Palogue 世界级大油田；乍得和尼日尔均获得规模突破，发现 2 个亿吨级油田、10 个千万吨级油田和一系列中小型油气田。

（其宣传册和宣传片详见中国石油网站）
专家团队：童晓光、薛良清、窦立荣 等
联系人：李志
E-mail：lizhi1@petrochina.com.cn
电话：010-83593450

1.6　前陆冲断带构造建模和成像技术

技术依托单位：中国石油勘探开发研究院。

技术内涵：3 个技术系列，8 项特色技术，3 件专利。

技术框架：

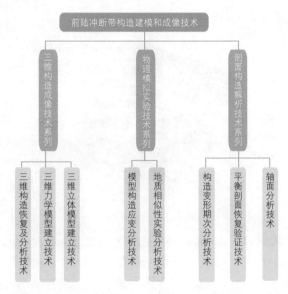

前陆是毗邻造山带的稳定克拉通部分。前陆盆地是在前陆构造背景中发育的沉积盆地，介于造山带前缘和克拉通之间。前陆冲断带是位于强烈变形变质的造山带和未变形的前陆之间的过渡区域，以发育逆冲断层和褶曲构造为特征。

前陆冲断带构造建模和成像技术基于板块构造理论和断层相关褶皱理论，集成了剖面地质建模技术、物理模拟实验技术，以及 3D 构造成像和应变恢复技术。为前陆冲断带构造解析提供了技术支撑，丰富了构造研究方法。

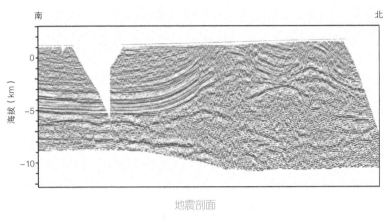

地震剖面

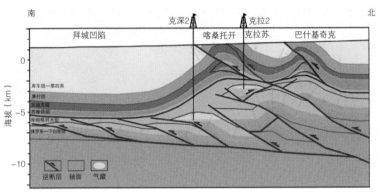

地质剖面

前陆冲断带构造建模和成像技术能定量、直观地刻画 1D、2D、3D 构造特征及其对应构造恢复和运动学过程；应用地表地质结构、地震反射剖面和钻井分层等资料，建立复杂构造地震剖面的合理地质解释模型；并通过物理模拟实验验证 2D 和 3D 构造地质解析的合理性，并再现构造变形过程和空间结构。

本技术在前陆冲断带油气勘探中已得到成功应用，例如在塔里木库车前陆冲断带、四川西北部构造带都取得突破性进展。

专利列表：

序号	专利名称	专利号／申请号
1	数字化盆地构造物理模拟实验仪	ZL201020286469.3
2	一种数字化盆地构造物理模拟实验砂箱搬运装置	ZL201120054112.7
3	地质构造物理模拟的实验装置	ZL201220064068.2

（其宣传册和宣传片详见中国石油网站）

专家团队：贾承造、宋岩、赵孟军 等

联系人：陈竹新

E－mail：chenzhuxin@petrochina.com.cn

电话：010－83595383

1.7 盆地综合模拟系统

技术依托单位：中国石油勘探开发研究院。

技术内涵：5 个技术系列，12 项特色技术，3 件专利。

技术框架：

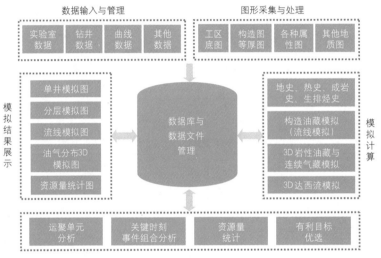

经过 20 多年的攻关，中国石油成功开发了盆地综合模拟软件（BASin Integrated Modeling System，简称 BASIMS）。BASIMS 自诞生以来，就一直与国际同类先进软件保持同步。

BASIMS 将数据管理与处理、成藏交互模拟与成果展示及综合分析技术集于一体，已成为油气成藏综合评价和油气资源评价最重要的研究平台。其核心技术包括：（1）传统的地史、热史、成岩史、生排烃史模拟技术；（2）针对构造油气藏研制的流线模拟技术；（3）针对岩性油气藏开发的 3D 常规油气模拟技术；（4）针对非常规油气藏设计的 3D 连续气藏模拟技术；（5）经典 3D 达西流模拟技术等。

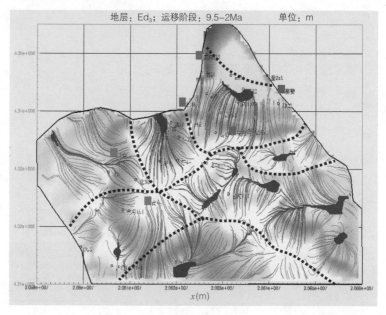

天然气运聚模拟结果

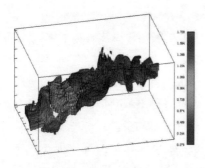

连续型致密砂岩气藏模拟结果

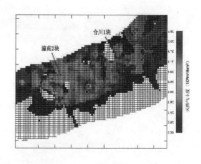

连续气和常规气累计资源丰度

　　BASIMS 已广泛地应用于中国国内（如 1992—1994 年的第二次全国油气资源评价、2000—2003 年的第三次全国油气资源评价）和部分国外（如苏丹）探区的油气资源评价和新区勘探研究、综合地质研究等各个领域，取得成效并得到好评。

专利列表：

序号	专利名称	专利号/申请号
1	连续型致密砂岩气分布的预测方法	201010290884.3
2	一种油气运移路径生成方法与装置	201010219162.6
3	一种风险约束的油气资源空间分布预测方法	200810224439.7

（其宣传册和宣传片详见中国石油网站）

专家团队：石广仁、李建忠、郭秋麟 等

联系人：郭秋麟

E-mail：qlguo@petrochina.com.cn

联系电话：010-83599178

1.8 地质录井油气水层解释评价技术

技术依托单位：中国石油大庆油田。

技术内涵：3 个技术系列，11 项特色技术，18 件专利，1 项软件著作权。

技术框架：

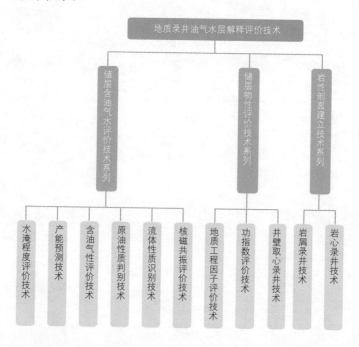

地质录井油气水层解释评价技术，是应用录井资料、进行分析研究以确定油气水层位置，为试油、压裂选层提供依据的一门井筒技术。

解释评价软件

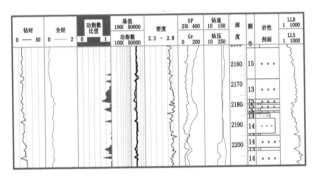

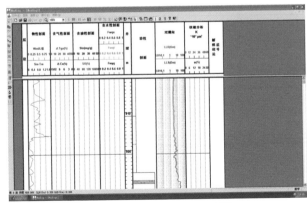

Mudlog 软件操作界面及成果图

油气水层解释评价技术是集成了物探、测井、试油试采技术及各种录井技术成果的一项高端技术，能为用户提供经济实用的岩性剖面建立、储层物性评价、储层油气水层解释评价功能。

地质录井油气水层解释评价技术作为提高油田勘探成功率及油田开发增储上产的重要手段，已经在国内外十几个油田的勘探开发中得到了广泛应用，例如在大庆油田解释评价1000多口井，判准率达90%以上。

中国石油拥有装备先进的分析化验实验室、500多名优秀的解释评价人才及上千支专业化的录井服务队伍，可提供与井筒地质录井及油气水层解释评价相关的各项技术服务。

专利列表：

序号	专利名称	专利号/申请号
1	平衡式电动脱气器	00208836.3
2	岩屑（心）切磨机	00262696.9
3	小型岩样取样器	01251367.9
4	小型岩样切磨机	01251404.7
5	岩样烘烤箱	01270868.2
6	岩样烘烤箱的电加热和电控制装置	01271768.1
7	机械扭矩传感器	02210209.4
8	双气室双量程 CO_2 红外分析仪	02282427.8
9	DQLJ 综合录井仪软件系统 V1.0	009199
10	一种综合录井仪自动检测装置	03265560.6
11	液压劈心机	03211355.2
12	岩心拾心机	03211545.8
13	自动电动脱气器	03238997.3
14	卫星接收天线防护装置	200420096065.2
15	录井用自动调整高度脱气装置	200420118510.0

续表

序号	专利名称	专利号/申请号
16	录井脱气器液位自动跟踪系统	200620148049.2
17	一种用于求取水淹程度的图版	200820091175.8
18	自吸式电动脱气器	200920100187.7

（其宣传册和宣传片详见中国石油网站）

专家团队：郎东升、梁久红、岳兴举 等

联系人：肖光武

E—mail：xiaoguangwu@petrochia.com.cn

联系电话：18645947836

1.9 一体化勘探研究平台

技术依托单位：中国石油新疆油田公司。

技术内涵：3 个技术系列，13 项单项技术，18 项技术秘密。

技术框架：

中国石油集成应用先进的软硬件技术，结合自主研发构建了一体化勘探研究平台，为油气勘探研究决策提供了丰富的信息和手段，实现了多学科的协同互动，提高了研究效率和成果质量，降低了勘探风险。

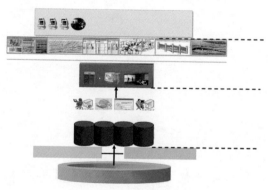

一体化勘探研究平台系统层次

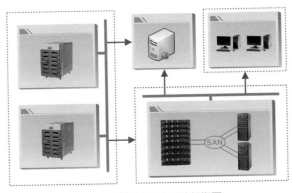

一体化勘探研究平台系统架构图

一体化勘探研究平台从盆地级勘探战略选区、构造研究、沉积相分析、储层评价、油气识别、油藏描述、井位论证，到勘探决策部署，均能在相同数据环境下基于统一地质模型上开展系列研究。一体化勘探研究平台能够实时充分地获取任何信息，最便利地使用各种研究手段，为地质学家、地球物理学家和勘探家提供可视化、可重建、可验证的协同工作环境。

一体化勘探研究平台已在准噶尔盆地克拉美丽气田得到成功应用。

（其宣传册和宣传片详见中国石油网站）
专家团队：吕焕通、雷德文、贾明辰 等
联系人：孟照旭
E—mail: Mengzx@petrochina.com.cn
联系电话：0990－6883702

第二部分

油气田开发领域

2.1　聚合物驱油技术

技术依托单位：中国石油大庆油田。

技术内涵：5 个技术系列，15 项特色技术，53 件专利，5 项技术秘密，2 项软件著作权。

技术框架：

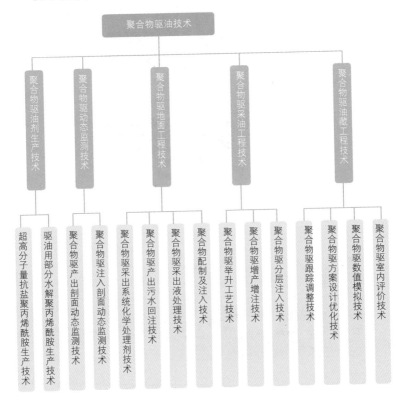

聚合物驱油技术是在注入水中加入聚合物，即聚丙烯酰胺（如黄胞酸等）来提高注入水的黏度，改善油水流度比，扩大驱替液在油层中的波及体积，提高原油采收率。

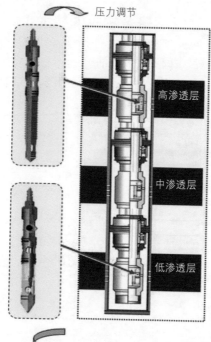

压力调节

高渗透层

中渗透层

低渗透层

分子量调节

聚合物驱分质分压注入管示意图

聚合物采出水污水处理站

　　20 世纪 60 年代初，中国石油就开始致力于聚合物驱油技术的探索与实践。经过 40 多年的发展与完善，中国石油已成为该领域标准的制定者和技术的开拓者。针对高含水油田聚合物驱问题，中国石油可以为客户提供经济高效的油藏工程、地面工程、采油工程以及测试工程解决方案。

聚合物驱油技术作为提高高含水油田采收率的主要手段之一，已经在国内外 9 个油田开发中得到广泛的应用，其中仅大庆油田聚合物驱油累计产油量就超过 1.1×10^8 t。

专利列表（部分）：

序号	专利名称	专利号 / 申请号	备注
1	注聚井压裂时使用的新型支撑剂	02132988.5	发明
2	注入井防裂缝口闭合压裂增注工艺	02122978.3	发明
3	含聚合物抽油机井防偏磨工艺	200410013564.5	发明
4	聚合物质量检测中水解度检测方法	012444718.7	发明
5	过滤因子自动测试装置	200420088021.5	
6	聚合物注入井提高相对渗透率的方法	02128311.7	发明
7	一种防降解胶态分散凝胶及其应用	01144316.2	发明
8	交联聚合物动态成胶实验装置及其测试方法	00136110.4	发明
9	三次采油聚合物驱和三元复合驱的配注工艺	00119384.8	发明
10	可搬迁式注入站及其注聚工艺	02125366.8	发明
11	组装化聚合物配注装置	200520021329.2	发明
12	聚合物驱分阶段综合含水油藏工程预测方法	200610010441.5	发明
13	聚合物驱全过程阶段划分及综合调整方法	200610151181.3	
14	聚驱注入井偏心堵塞器	200720141179.8	
15	聚驱注入井偏心配注器	200720153143.1	
16	可调式分质器	200720153144.6	
17	聚驱偏心验封密封段	200720129001.1	
18	聚驱偏心测试投捞器	200720125469.3	
19	用于注聚管线上调节流体流量及压力的调节阀	200720129143.8	
20	一种聚合物驱分质分压井用新型投捞器	200920099888.3	
21	低剪切防堵配注器	201020001084.8	

续表

序号	专利名称	专利号／申请号	备注
22	注聚井过滤缸拉力器	200920276011.7	
23	聚合物（三元）比例调节泵混配阀组装置	201120313893.7	
24	聚合物多通道油管分注技术	201120325996.5	
25	浅层多点气浮含聚污水处理装置	201120513538.4	
26	一种高温凝胶性能可视评价装置	201220392702.5	
27	聚合物储箱装置	201120044745.x	
28	一种聚合物驱注入井电动测调用新型压力调节装置	201020595190.3	
29	聚合物多层分注井下流量控制装置	00102551.1	发明

（其宣传册和宣传片详见中国石油网站）

专家团队：王玉普、王德民、王启民 等

联系人：潘涛

E-mail：pantao@cnpc.com.cn

联系电话：0459-5963793

2.2 高含水油田注采工艺技术

技术依托单位：中国石油大庆油田、中国石油勘探开发研究院。

技术内涵：5个技术系列，20项特色技术，89件专利。

技术框架：

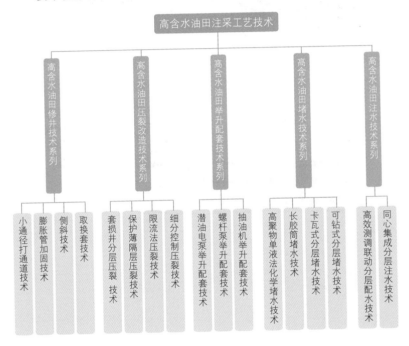

中国石油长期致力于油田分层开采技术的探索与实践，针对油田非均质性、多油层储层特点，及不同开发阶段油田含水程度，形成一整套适合于高含水油田的分层注水、分层堵水、举升工艺、压裂改造和修井五大技术系列17单项技术。

高含水油田注采工艺技术

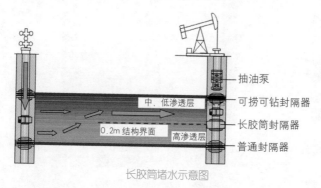

长胶筒堵水示意图

高含水注采工艺技术已经在国内外油田开发中得到日益广泛的应用，为油田高产、稳产和提高采收率作出了重大贡献。

中国石油有大批优秀的注采专业技术人才，相应的注采工艺设备以及专业化的服务队伍，可提供注采工艺相应的各项技术服务。

（其宣传册和宣传片详见中国石油网站）

专家团队：刘合、兰中孝、杨野 等

联系人：杜贵涛

E-mail：duguitao@petrochina.com.cn

联系电话：0459－5953751

2.3　低渗透油气田开发技术

技术依托单位：中国石油长庆油田公司、中国石油川庆钻探工程公司。

技术内涵：3个技术系列，10项特色技术，54件专利，3项软件著作权。

技术框架：

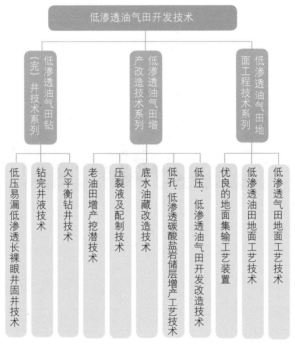

自20世纪70年代起，中国石油致力于低压、低孔、低渗透油气田的开发，已形成针对低渗透油气田开发技术，包括三大技术系列10项特色技术的成熟开发工艺技术，对渗透率为0.5mD的低渗透油气田已成功实现规模性开发。如今正瞄准0.3mD的低渗透油气田，不断突破边际油田的经济有效开发瓶颈。

压裂改造作业

稳流配水工艺

中国石油低渗透油气田开发技术除了在长庆油田和吐哈油田广见效益以外，20 世纪 90 年代末开始广泛应用于壳牌公司、道达尔公司的中国项目上。近年来，中国石油又把低渗透油气田开发技术和经验成功应用到乌兹别克斯坦、土库曼斯坦、厄瓜多尔和尼日利亚等国家和地区。

专利列表（部分）：

序号	专利名称	专利号 / 申请号
1	气体钻井装置	02224530.8
2	新型钻杆浮阀	2005200079204.5
3	井下套管阀门	200420085826.4
4	一种实现重复压裂造新缝的方法	200510096443.6

续表

序号	专利名称	专利号／申请号
5	低分子环保型压裂液及其回收液的应用	200510042832.0
6	一种速溶型化学改性植物胶的制备方法	200610105052.0
7	石油套管尾管外台肩悬挂装置	95212929.9
8	分压管柱	200520079637.0
9	滑套导压阀	200520078870.7
10	气体欠平衡钻井装置及方法	02114438.9
11	油气井套管补贴装置	200520079318.X
12	强制旋流—吸收吸附式气液分离器	02205023.X
13	闪蒸分液水封可燃气体放空多功能罐	200620078546.X
14	一种抗 H_2S 与 CO_2 联合作用下的缓蚀剂	200610105097.8
15	套管扩径工具扶正器	200520079683.0
16	具有缓冲能力的膨胀套管装置	200620136480.5
17	一种方便拆卸膨胀套管的堵头	200620136483.9
18	膨胀套管启动腔装置	200620136484.3
19	气田甲醇污水处理工艺	200610104738.8
20	中—低压集气工艺方法	200710079036.3
21	油气田多井短距离串接集气工艺	200710079037.8
22	一种冷冻油的吸收方法	200410073169.6
23	粗粒化斜管立式除油罐	02232889.0
24	油田地面工程分质注水及分压注水阀控装置	200420086342.1
25	轻烃回收综合装置	200420085957.2

（其宣传册和宣传片详见中国石油网站）

专家团队：宋振云、孙虎、李志航 等

联系人：李志航

E-mail：lizhihang@cnpc.com.cn

联系电话：028-86591075

2.4　稠油热采技术

技术依托单位：中国石油长城钻探工程公司、中国石油辽河油田公司。

技术内涵：3 个技术系列，17 项特色技术，9 件专利，7 项技术秘密。

技术框架：

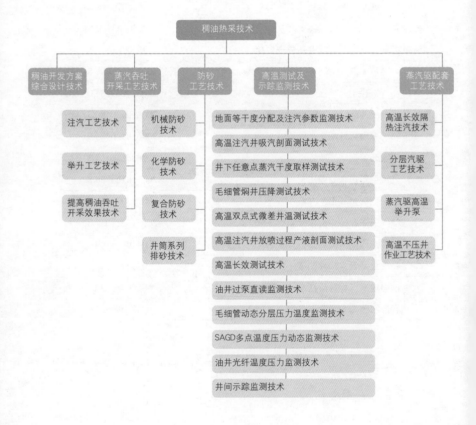

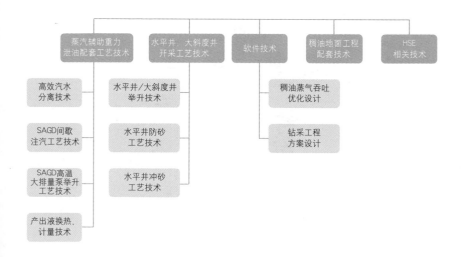

拥有自主知识产权的稠油热采技术包括稠油开发方案综合设计技术、蒸汽吞吐开采工艺技术、防排砂工艺技术、高温测试及示踪监测技术、蒸汽驱配套工艺技术、蒸汽辅助重力泄油（SAGD）配套工艺技术、水平井/大斜度井开采工艺技术、软件技术、稠油地面工程配套技术、HSE相关技术。

中国石油成功开采出黏度高达数十万厘泊的世界级稠油。稠油热采技术成功应用于中国的辽河、胜利、河南、新疆、大港和吉林等稠油区，以及苏丹、哈萨克斯坦、委内瑞拉等国家的稠油区。

中国石油拥有一大批优秀的稠油热力开采专业技术人才，配套的稠油热采工具与设备，专业化服务队伍，可提供与稠油热采相关的各项技术服务。

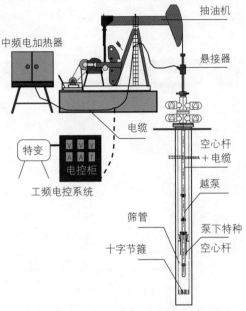

中频电加热器

抽油机

悬接器

电缆

特变

电控柜

空心杆
+电缆

工频电控系统

越泵

筛管

泵下特种
空心杆

十字节箍

越泵电加热工艺示意图

（其宣传册和宣传片详见中国石油网站）
专家团队：刘乃震、郭野愚、刘俊荣 等
联系人：原镜海
E-mail：yuanjh.gwdc@cnpc.com.cn
联系电话：010-59285259

2.5 超重油经济高效开发技术

技术依托单位：中国石油天然气勘探开发公司（CNODC）、中国石油勘探开发研究院。

技术内涵：3个技术系列，10项单项技术，3件专利。

技术框架：

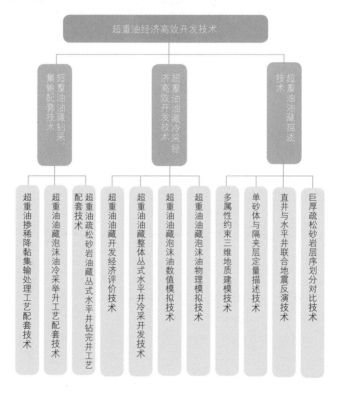

随着常规油气资源的日益枯竭，非常规石油资源的开采越来越受到重视。委内瑞拉重油带超重油资源丰富，开发潜力巨大，是目前各国际石油大公司竞相追逐的热点地区。超重油具有高密度，高黏度，高含沥青质、硫、重金属钒和镍等特征。

水平井砂体定量表征

　　以实现超重油的经济有效开发为出发点，立足于关键技术的攻关和创新，中国石油形成了适合该类油藏的特色冷采开发配套技术，包括超重油油藏描述技术、超重油油藏冷采经济高效开发技术和超重油油藏钻采、集输配套技术三大技术系列和 10 项单项技术。

　　超重油经济高效开发技术成功应用于委内瑞拉奥里诺科重油带MPE3 区块、胡宁 4 区块，取得了显著的技术经济和社会效益。

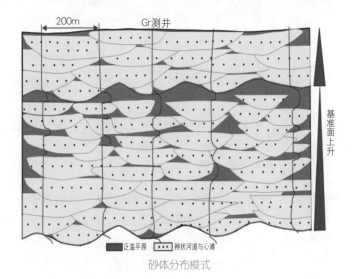

砂体分布模式

专利列表：

序　号	专利名称
1	一种测量泡沫油强度及稳定性的方法及装置
2	一种表面活性剂及其制备和应用
3	一种超重原油改质处理的工艺方法

（其宣传册和宣传片详见中国石油网站）

专家团队：穆龙新、卞德智、李方明　等

联系人：李星民

E－mail：lxingmin@petrochina.com.cn

电话：010－83598625

2.6 凝析气藏高压循环注气开发技术

技术依托单位：中国石油塔里木油田公司。

技术内涵：8 个技术系列，20 项特色技术，3 件专利。

技术框架：

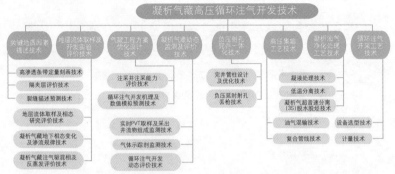

凝析气藏通常指地下聚集的烃类在储层温度和压力下，重质组分及少量高分子烃类呈均一蒸汽状态分散在天然气中的气藏。

针对凝析气藏地层流体相态变化复杂及渗流规律复杂的特点，中国石油经过 20 多年的科研及现场攻关，在地质与气藏工程、采气工艺和地面工艺等领域，取得了重大突破，形成了包含关键地质因素描述、地层流体取样及开发实验评价、气藏工程方案优化设计、凝析气藏动态监测及评价、负压射孔完井一体化、高压集输工艺、凝析油气净化处理工艺和循环注气开采工艺八大技术系列 20 项特色技术的凝析气田高压循环注气开发及相关配套技术。

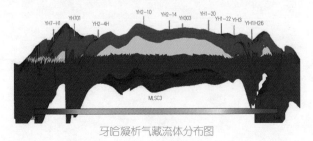

牙哈凝析气藏流体分布图

利用此项技术中国石油成功开发了牙哈、柯克亚、大张坨等凝析气藏，大幅度提高了凝析油采收率，分别提高 22% 、18.2 %、14.9%。

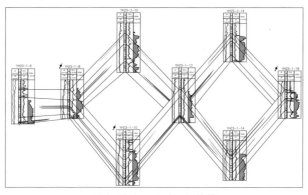

牙哈凝析气田隔夹层栅状图

专利列表：

序号	专利名称	专利号/申请号
1	一种气井精确取样装置	201020138366.2
2	凝析气井井口取样装置	200920106557.8
3	液体容器定位取样装置	201020251939.2

（其宣传册和宣传片详见中国石油网站）

专家团队：孙龙德、宋文杰、王天祥 等

联系人：王振彪

E-mail：wangzb-tlm@petrochina.com.cn

电话：0996-2172220

2.7 气举采油技术

技术依托单位：中国石油吐哈油田公司。

技术内涵：8 个技术系列，29 项特色技术，66 件专利。

技术框架：

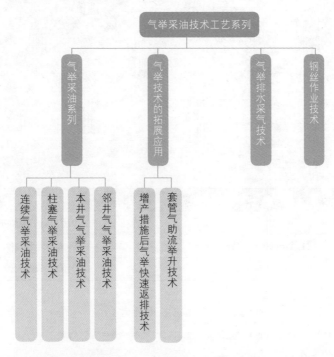

气举采油技术就是把一定量的高压天然气通过油套管环形空间经气举阀注入油管，在油管内与井液充分混合后形成混合流体，从而降低井液密度，在较低的井底压力条件下将混合井液举出，达到举升采油的目的，是补充油层能量不足的高效开采方式。

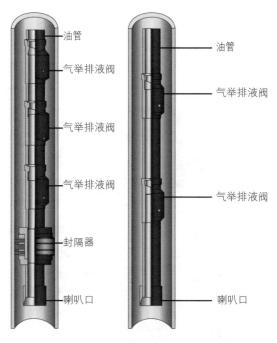

气举采油装置图

　　自 1991 年以来，中国石油形成了连续气举采油技术、间歇气举采油技术、邻井本井气气举采油技术、气举快速返排技术、套管气助流举升技术、气举排水采气技术、钢丝作业技术等技术系列，并开发了与三种规格生产管柱相配套的五大类 48 种 108 个规格的气举工具。各项技术的性能指标在同类产品中达到国际先进水平。

　　这些技术已在中国的吐哈油田等 10 个油田，以及在国外哈萨克斯坦和苏丹两个服务市场得到了广泛的应用。其中，在让那若尔油田的应用规模已达到 245 口井，成为世界陆上单个油藏规模最大的气举整装油田，年产油 $220 \times 10^4 t$，自 2001 年以来，累计增产量达 $281 \times 10^4 t$。

气举采油现场施工图

中国石油可提供气举专业技术完整解决方案的机构，拥有一批优秀的专业技术人才，并配套成熟的气举工具与设备，可提供从气举采油工程方案编制、气举优化设计、工具的生产和调试及检测到气举故障诊断、气举完井及生产管理等全套服务。

专利列表（部分）：

序号	专利名称	专利号／申请号	备注
1	压裂排液作业的气举管柱	ZL200620158616.2	
2	用于气举采油的可投捞式气举阀	ZL200720173934.0	
3	用于油气田高压作业后快速排液的气举阀	ZL200720173933.6	

续表

序号	专利名称	专利号／申请号	备注
4	油气田用整体锻造偏心气举工作筒	2008/068.2	哈萨克斯坦
5	可热洗保护油层和不压井作业的气举管柱	US7，770，634 B2	美国
6	油气田用整体式气举阀偏心安装筒	2008/067.2	哈萨克斯坦
7	一种用于大斜度井的气举完井管柱	ZL201020187651.3	
8	一种锁定式密封插管	ZL201020605352.7	
9	一种用于密封封隔器的专用密封插管	ZL201020605341.9	
10	一种用于钢丝作业的筒式震击器	ZL201020605267.0	
11	用于钢丝作业处理井下事故的撞击器	ZL201020605228.0	
12	一种油气田用液压脱手的密封插管	ZL201020605284.4	
13	用于钢丝作业的油管刮削器	ZL201020605245.4	
14	一种气举阀调试装置	ZL201020605322.6	

（其宣传册和宣传片详见中国石油网站）

专家团队：雷宇、王强、李勇 等

联系人：牛瑞云

E－mail：niuruiyun@petrochina.com.cn

联系电话：0995－8379648

2.8　油气藏开发实验技术

技术依托单位：中国石油勘探开发研究院。

技术内涵：3 个技术系列，11 项特色技术，54 件专利。

技术框架：

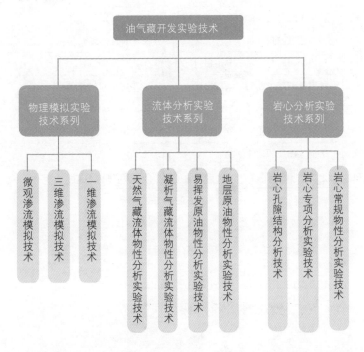

　　无论是油藏开发初期还是进入高含水阶段的开发后期，提高采收率方法的广泛应用均有赖于开发实验方法提供最可靠的数据。由岩心分析、流体分析、油藏物理模拟等油层物理研究构成的油气藏开发实验是油气田开发的基础。在中国油气田开发的各个历史阶段，油气藏开发实验技术发挥了非常重要的作用，为支撑中国石油工业的稳定健康发展打下了坚实的基础。

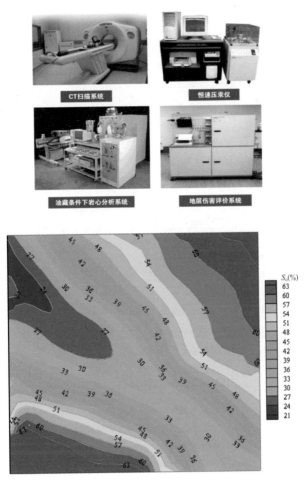

CT扫描系统　　　　　恒速压汞仪

油藏条件下岩心分析系统　　　地层伤害评价系统

水驱油过程中的饱和度场图

油气藏开发实验技术已广泛应用于国内外市场，曾为十几个油田和单位服务，并先后为英国 Cluff 石油公司、日本莱州湾石油株式会社、委内瑞拉马拉文石油公司、苏联乌克兰天然气研究所、秘鲁石油公司，以及苏丹、阿塞拜疆、巴基斯坦、尼日尔等国家的石油公司或研究单位服务。

专利列表：

序号	专利名称	专利号 / 申请号
1	微量流动中的流速测量仪及测量方法	200910089053.4
2	高温高压可视化微流量计量仪和计量方法	200910089054.9
3	低渗透储层启动压力测试方法	200910090075.2
4	一种二维岩石模型内的含水饱和度测量方法	201010193400.0
5	裂缝预测方法和装置	201010205983.4
6	CT 扫描非均质模型试验系统	201010610692.3
7	用于 CT 扫描的非均质多层岩心夹持器	201010610693.8
8	非均质多层岩心夹持器	201010610694.2
9	一种提高 CT 测量流体饱和度精度的方法	201110051246.8
10	人造岩心及其制作方法和仪器	201110223910.2
11	一种玻璃模型密封方法	201010193398.7
12	一种维持压力稳定的快速转样方法	201010199052.8
13	一种层内非均质模型试验方法	201010609257.9
14	层内非均质模型水驱油效率评价系统	201010610695.7
15	油藏条件下单相流体密度测量方法和密度测量仪器	201110188146.X
16	横向变速小尺度体反射系数公式应用方法	201110314489.6
17	油藏条件下岩石润湿性测量方法及装置	201110389206.4
18	油气界面张力仪及油气界面张力值的测试方法	201110432431.1
19	一种高温高压油气界面张力仪的清洗系统及方法	201110451616.7
20	一种用于测量油气界面张力的悬滴控制方法及装置	201210021656.2
21	多孔介质中的油气界面张力测试方法	201210057130.X
22	一种加压恒温控制设备以及岩心测试系统	201210127537.5
23	三轴向岩心夹持器	201210154416.X
24	一种用于岩心夹持器的轴向压力装置	201210154901.7
25	易挥发油密度测量的连续转样方法及装置	201210156857.3
26	适用于高温高盐油藏的二元无碱复合驱油用组合物及应用	201210159415.4
27	一种油气相态多层取样方法及装置	201210241972.0

续表

序号	专利名称	专利号/申请号
28	用于岩石电阻率测量的电隔离单元	201210275415.0
29	基于CT扫描的三相相对渗透率测试系统	201210275526.1
30	基于CT扫描的三相相对渗透率测试方法	201210276316.4
31	多管式最小混相压力测量方法及装置	201210289799.1
32	助力式针型回压控制方法及其回压阀	201210320419.6
33	用于韵律油层重力气驱的生产管柱及其方法	201210334461.3
34	井下泡点压力快速测试器和井下泡点压力测试方法	201210342785.1
35	孔隙介质内油气组分扩散性能实验装置及方法	201210345070.1
36	一种非均质储层的非等效体建模方法及装置	201210387196.5
37	高压多相流体密度测量装置及其测量计算方法	201210410536.1
38	用于岩心注气驱替实验的水气分散注入装置	201210505560.3
39	一种基于CT扫描的岩心驱替实验方法	201210592904.9
40	岩心密封装置及其密封方法	201310029801.6
41	分散体系在高温高压条件下的流动阻力测试方法	201310047512.9
42	CO_2天然气置换乳液置换地层天然气水合物中甲烷的方法	201310087468.4
43	建立低渗透油藏有效驱替压力系统的方法	201310090308.5
44	多级微量注入装置	201310095151.5
45	等位移恒压控制方法及等位移恒压阀门	201310112247.8
46	岩心驱替实验用在线高温高压黏度快速测量装置	201310112509.0
47	长岩心模拟注水试验系统	201310132940.1
48	长岩心夹持器	201310133309.3
49	油藏流体在线高压旋转黏度计	201310149375.X
50	基于顶部注气的CT扫描多角度可旋转岩心夹持器	201310181274.0
51	基于顶部注气多角度驱替的CT扫描系统	201310181932.6
52	基于顶部垂直注气的岩心CT扫描方法	201310181935.X
53	天然气水合物沉积物动三轴力学—声学—电学同步测试的实验装置及方法	201310225265.7
54	评价低渗透油藏驱替有效性的方法及装置	201310261808.0

中国石油拥有一批优秀的专业技术人才，建设成了一流的实验室，可提供各项技术服务。

（其宣传册和宣传片详见中国石油网站）
专家团队：郭尚平、沈平平、王家禄 等
联系人：吕伟峰
E-mail：lweifeng@petrochina.com.cn
联系电话：010-83598079

2.9　二氧化碳驱采油技术

技术依托单位：中国石油吉林油田公司。

技术内涵：3 个技术系列，10 项特色技术，4 件专利，11 项技术秘密。

技术框架：

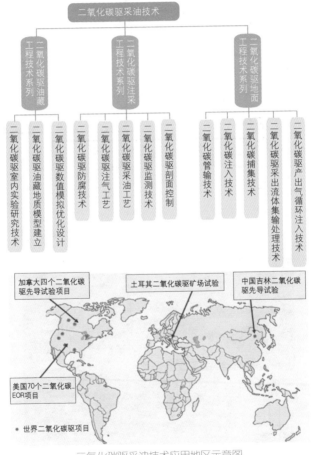

二氧化碳驱采油技术应用地区示意图

二氧化碳驱采油技术就是把二氧化碳注入油层，与地层原油混合形成单一混相液体，从而有效地将地层原油驱替到生产井，以提高石油采收率的技术。实现温室气体的减排，既可减少二氧化碳资源浪费和环境污染，又可达到改善油田开发效果的目的，从而实现低碳环保循环发展与增产双赢。

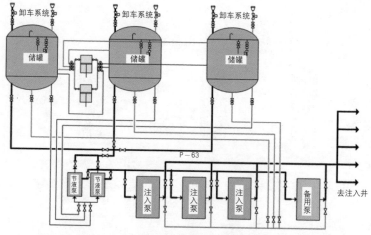

二氧化碳驱采油装置示意图

二氧化碳驱采油技术示意图

中国石油致力于二氧化碳驱提高低渗透油田采收率和动用率技术攻关与实践，形成了油藏工程、注采工程和地面工程三大技术系列10项特色技术，集聚了一批优秀的专业技术人才，建设了一流的室内实验室和现场中试基地，可提供与之相关的各项技术服务。

二氧化碳驱采油技术现已成功应用于中国的吉林油田、大庆油田等油区，为储量可观的低渗透油田的开发利用提供了强有力的技术支撑，作为提高采收率的有效技术手段它将得到更广泛的应用。

专利列表：

序号	专利名称	专利号/申请号
1	一种油管腐蚀测试筒	200920105975.5
2	一种井下压力计投捞装置	200920107814.X
3	一种判断二氧化碳驱突破层位方法	201110224386.0
4	一种改进的二氧化碳驱采油方法	200910084542.0

（其宣传册和宣传片详见中国石油网站）

专家团队：沈平平、宋新民、王峰 等

联系人：王世刚

E—mail：Wang-shg@petrochina.com.cn

联系电话：0438-6259757

2.10 储层改造技术

技术依托单位：中国石油勘探开发研究院廊坊分院。

技术内涵：6 个技术系列，39 项特色技术，28 件专利，6 项技术秘密。

技术框架：

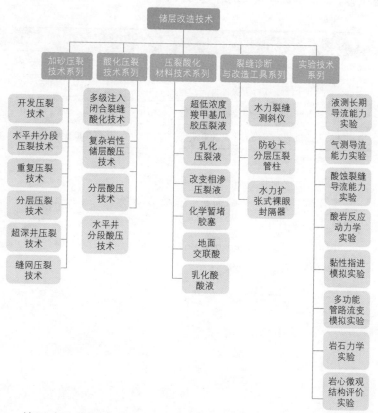

储层改造是低渗透油气田开发的主要手段，通过加砂压裂、酸化压裂等技术措施，提高储层渗透率和油气层产能，使低孔、低渗透油气藏得到经济、有效的开发。

　　储层改造技术包括加砂压裂、酸化压裂、压裂酸化材料、裂缝诊断与改造工具、储层改造实验五大系列27项特色实用技术，技术优势显著，服务领域广泛，技术总体达到国际先进水平。

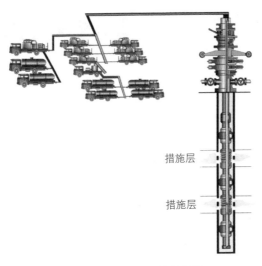

措施层

措施层

封隔器分层酸压管柱示意图

塔里木阿克1井压裂施工现场

储层改造技术成功应用于中国的长庆、大庆、塔里木、四川、吉林、青海、冀东和新疆等低渗透油气区，以及哈萨克斯坦、阿塞拜疆、委内瑞拉等多个国家的低渗透油气区。

专利列表：

序号	专利名称	专利号／申请号
1	水平井多段拖动压裂工艺管柱	ZL200920108820.7
2	水平井分段压裂管柱	ZL200920108202.2
3	用于水平井压裂、酸化的滑套开关	ZL200720173186.6
4	水平井分层压裂滑套式封隔器	ZL200720170128.8
5	一种清洁压裂液添加剂的组成和压裂地层的方法	ZL200410078253.7
6	可分离式分层压裂工艺管柱	ZL200920173234.0
7	小套管多层压裂工艺管柱	ZL200920108821.1
8	不动管柱分层水力喷射射孔与压裂一体化管柱	ZL200720173194.0
9	天然气井分层压裂合层开采一体化管柱	ZL200520129828.3
10	可脱节三层压裂管柱	ZL200420092490.4
11	低渗透薄互层压裂层段分层方法	200610150051.8
12	高密度压裂液的组成和制备方法	ZL200610090681.0
13	一种加重压裂液配方	ZL200510105813.8
14	深层气井分层压裂工具串	200720152854.7
15	一种致密砂岩储层多裂缝改造方法	200910243236.7
16	前置酸酸液和前置酸加砂压裂方法	ZL200810106229.8
17	一种酸化压裂用高温缓蚀剂	ZL200710064675.2
18	一种加重酸液配方	ZL200510105812.3
19	一种疏水性基团接枝改性瓜胶压裂液冻胶	200910088721.1
20	利用相渗透率改善剂提高采收率的压裂方法	200410044097.2
21	自破胶液体胶塞水平井分段射孔压裂工艺及胶塞	ZL200810105642.2
22	一种化学暂堵胶塞缓释破胶剂的制备方法	200910243764.2

序号	专利名称	专利号／申请号
23	用于水平井分段压裂的高强度可控破胶化学暂堵液体胶塞	200910237814.6
24	一种交联酸加砂压裂酸液	200810224827.5
25	新型防砂卡气井分层压裂工艺管柱	ZL200720169638.3
26	一种深井压裂酸化封隔器	200920278217.3
27	酸岩反应的平行板裂缝模拟装置	ZL200820108724.8
28	研究压裂酸化流体黏性指进的透明平行板装置	200710120131.3

（其宣传册和宣传片详见中国石油网站）

专家团队：雷群、丁云宏、胥云 等

联系人：郑伟

E-mail：zhengwei@petrochina.com.cn

联系电话：010-69213193

2.11 水平井裸眼分段压裂技术

技术依托单位：中国石油川庆钻探工程公司。
技术内涵：3 个技术系列，41 件专利。
技术框架：

水平井开发是提高油气井产量的重要手段之一，与直井相比，水平井可以更大限度地暴露储层，大大提高单井产能，最终提高整个油气藏的采收率。

中国石油集自身多年的技术储备，通过集成创新，研发出了针对 7in 技术套管、6in 裸眼完井的水平井分段改造完井工具管柱。该工具及配套技术创新性地采用压缩式双密封胶筒设计的裸眼封隔器、分体式卡瓦带防突机构设计的悬挂封隔器、双液缸开启设计的压差滑套、具有防转和止退功能的投球滑套、具有坐封和封堵双功能的自封式坐封球座以及具有三种丢手方式的丢手机构等。

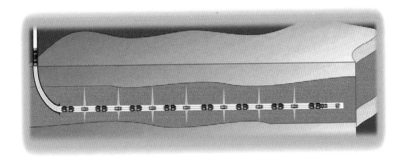

水平井裸眼完分段改造工具管柱示意图

施工设备

水平井裸眼分段压裂工艺技术由水平井裸眼分段工具、工具入井、水平井裸眼分段压裂工艺三大技术系列构成,是油气勘探开发的关键技术领域取得的一次关键性突破,为低品位储量实现大规模的经济高效动用,提供了有力的技术支撑和保障。

水平井裸眼分段压裂技术成功应用于川渝地区、苏里格气田、塔里木盆地等的 106 口裸眼水平井,共进行了 699 段压裂酸化作业,施工成功率 100%,现场应用增产效果显著。

专利列表：

序号	专利名称	专利号/申请号
1	水平井多段拖动压裂工艺管柱	200920108820.7
2	水平井分段压裂管柱	200920108202.2
3	用于水平井压裂、酸化的滑套开关	200720173186.6
4	水平井分层压裂滑套式封隔器	200720170128.8
5	一种清洁压裂液添加剂的组成和压裂地层的方法	200410078253.7
6	可分离式分层压裂工艺管柱	200920173234.0
7	小套管多层压裂工艺管柱	200920108821.1
8	不动管柱分层水力喷射射孔与压裂一体化管柱	200720173194.0
9	天然气井分层压裂合层开采一体化管柱	200520129828.3
10	可脱节三层压裂管柱	200420092490.4
11	低渗透薄互层压裂层段分层方法	200610150051.8
12	高密度压裂液	200610090681.0
13	一种加重压裂液配方	200510105813.8
14	深层气井分层压裂工具串	200720152854.7
15	一种致密砂岩储层多裂缝改造方法	200910243236.7
16	前置酸酸液和前置酸加砂压裂方法	200810106229.8
17	一种酸化压裂用高温缓蚀剂	200710064675.2
18	一种加重酸液配方	200510105812.3
19	一种疏水性基团接枝改性瓜尔胶压裂液冻胶	200910088721.1
20	利用相渗透率改善剂提高采收率的压裂方法	200410044097.2
21	自破胶液体胶塞水平井分段射孔压裂工艺及胶塞	200810105642.2
22	一种化学暂堵胶塞缓释破胶剂的制备方法	200910243764.2
23	一种强度高可控破胶化学暂堵液体胶塞	200910237814.6
24	一种交联酸加砂压裂酸液	200810224827.5
25	新型防砂卡气井分层压裂工艺管柱	200720169638.3

续表

序号	专利名称	专利号/申请号
26	一种深井压裂酸化封隔器	200920278217.3
27	酸岩反应的平行板裂缝模拟装置	200820108724.8
28	研究压裂酸化流体黏性指进的透明平行板装置	200710120131.3
29	压缩式双密封裸眼封隔器	201010216312.8
30	分体式卡瓦悬挂封隔器	201010216240.7
31	自封式坐封球座	201010216311.3
32	双打开压差滑套	201020245834.6
33	适用于水平井的可钻式投球滑套	201010216524.6
34	多途径丢手装置	201010216534.X
35	水平井裸眼完井分段压裂酸化工具管柱	201020246107.1
36	新型水力喷射器	200620113021.5
37	裸眼完井水力喷砂不动管柱分段压裂工艺管柱	201020520348.0
38	水力喷射射孔压裂气举排液一体化工艺管柱	201020569352.6
39	裸眼水平井分段改造管柱	201020605206.4
40	水平井水力喷射多簇分段压裂管柱	201120169285.3
41	裸眼水平井不限级数分段压裂井下管柱	201120264146.9

（其宣传册和宣传片详见中国石油网站）

专家团队：石林、伍贤柱、徐春春 等

联系人：陈明忠

E-mail：chenmz@cnpc.com.cn

电话：028-86019118

2.12　水力喷射压裂技术

技术依托单位：中国石油长庆油田公司油气工艺研究院。

技术内涵：3 个技术系列，7 项特色技术，10 件专利。

技术框架：

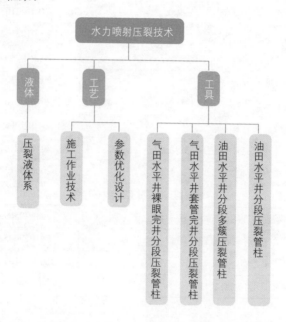

　　水力喷射压裂是一项集射孔、隔离、压裂于一体的水平井分段压裂技术，其基本流程是依靠水力喷射产生的增压效应使地层起裂形成裂缝，油管携砂液通过喷嘴喷射泵入裂缝，环空泵入液体进行压力补偿，完成储层改造。

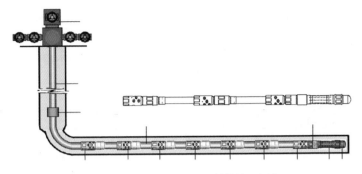

气田水平井水力喷射压裂工艺管柱示意图

水力喷射压裂施工现场

与限流压裂、填砂胶塞分段压裂等传统技术相比，水力喷射压裂技术可用于裸眼、套管等多种完井方式，具有施工风险小、效率高、成本低等特点，一趟管柱可完成多段压裂，可缩短施工周期，降低储层伤害。在长庆油田累计应用于 1172 口井 9032 段，油田水平井实现了一趟管柱施工 8 段，工具成本单段在 4 万之内，单井增产是直井的 3 倍以上；气田水平井实现了 $4^1/_2$in 套管一次分压 10

段、6in 裸眼一次分压 23 段，工具成本为其他工具的 1/5，单井增产是直井的 5 至 8 倍。整体工艺技术达到了国际领先水平。该技术获国家授权专利 10 项。其他工艺管柱获第十九届全国发明展览会铜奖，是中国石油自主创新重要产品。

专利列表：

序号	专利名称	专利号／申请号
1	自破胶液体胶塞水平井分段射孔压裂工艺及胶塞	200810105642.2
2	新型水力喷射器	ZL200620113021.5
3	不动管柱分层水力喷射射孔与压裂一体化管柱	ZL200720173194.0
4	水平井多段拖动压裂工艺管柱	ZL200920108820.7
5	不动管柱水力喷射分层压裂一体化管柱	ZL201020275485.2
6	裸眼完井水力喷砂不动管柱分段压裂工艺管柱	ZL201020520348.0
7	水力喷射射孔压裂气举排液一体化工艺管柱	ZL201020569352.6
8	裸眼水平井分段改造管柱	ZL201020605206.4
9	水平井水力喷射多簇分段压裂管柱	ZL201120169285.3
10	裸眼水平井不限级数分段压裂井下管柱	ZL201120264146.9

（其宣传册和宣传片详见中国石油网站）

专家团队：沈忠厚、李根生、慕立俊 等

联系人：任勇

E－mail：ryong_cq@petrochina.com.cn

电话：029－86590674

2.13 稠油注过热蒸汽开采技术

技术依托单位：中国石油工程建设有限公司。

技术内涵：3个技术系列，17项特色技术，9件专利，7项技术秘密。

技术框架：

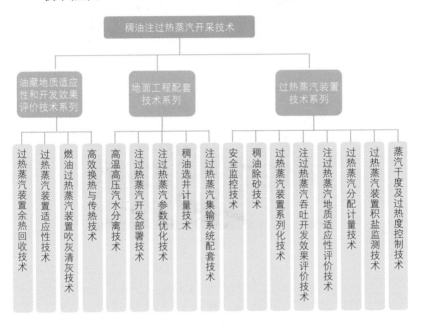

提高注入油藏的蒸汽干度有利于提高稠油热采的采收率，蒸汽干度每提高10%，可提高稠油采收率3%左右。传统热采锅炉采用只除硬不除盐的普通锅炉软化水作为锅炉给水，需保留20%的液态水来溶解并携带盐类，因此，热采锅炉出口蒸汽干度应控制在不超过80%，这样经管道及油井套管到达油藏目的层的蒸汽干度通常仅为50%左右，严重影响到热采的实际采油效果。

注过热蒸汽集输系统图

哈萨克斯坦肯基亚克盐上稠油注过热蒸汽试验现场

中国石油研制出国际上首套使用普通锅炉软化水生产的湿蒸汽来生产过热蒸汽的装置，突破以往国际动力工程界公认的禁区，形成了一整套稠油注过热蒸汽开采技术。

稠油注过热蒸汽开采技术现已应用于国内外的稠油、超稠油油田，如哈萨克斯坦肯基亚克盐上稠油油田、新疆油田和辽河油田等。

（其宣传册和宣传片详见中国石油网站）

专家团队：林宗虎、刘喜林、范子菲 等

联系人：许志行

E—mail：xzh@dwell.cn

联系电话：010—62396215

2.14 驱油用超高分子量聚丙烯酰胺工业化成套生产技术

技术依托单位：中国石油大庆炼化公司。

技术内涵：2个技术系列，8项特色技术，5件专利。

技术框架：

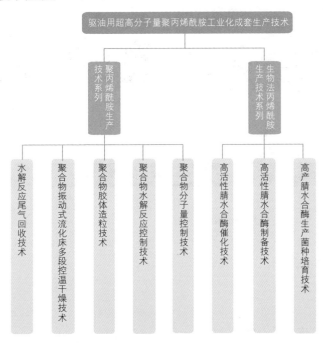

驱油用超高分子量聚丙烯酰胺工业化成套生产技术是以丙烯腈为原料，通过生物法丙烯酰胺生产技术和聚丙烯酰胺生产技术，先合成丙烯酰胺单体，再通过高分子聚合生产出聚丙烯酰胺。该技术能够提供分子量2000万~4000万的系列化产品，可以满足油田三次采油技术的需求，相比常规聚丙烯酰胺具有更高的黏度和更佳的驱油效果。并且可用污水配制，可降低油田聚合物注入成本，提高增油降水效果，现已广泛应用于高矿化度水质的油田。

聚丙烯酰胺生产技术包括聚合物分子量控制技术、聚合物水解反应控制技术、聚合物胶体造粒技术、聚合物振动式流化床多段控温干燥技术、水解反应尾气回收技术等多项关键技术，培育了中国石油自主知识产权的核心技术，使中国石油三次采油技术在上游的油藏开发、下游的化学品配套应用领域形成了一体化的整体优势。

产品应用于国内的大庆、吉林、辽河、冀东、大港、长庆、玉门、新疆等油田。

专利列表：

序号	专利名称	专利号/申请号	备注
1	超高分子量聚丙烯酰胺合成工艺技术中的水解方法	02146699.8	发明
2	可悬浮形变聚丙烯酰胺合成方法	200610073119.7	发明
3	一种提高丙烯腈水合酶发酵生产中酶活性的方法	200610073117.8	发明
4	一种腈水合酶工业发酵生产配方及发酵方法	200610165206.5	发明
5	超高分子量聚丙烯酰胺合成工业水解称重系统	200620007719.9	

（其宣传册和宣传片详见中国石油网站）

专家团队：王德民、周云霞、吴金海 等

联系人：金龙渊

E-mail：jinlongy@petrochina.com.cn

电话：0459－5615142

2.15　套管滑套压裂技术

技术依托单位：中国石油长庆油田公司。

技术内涵：6 件关键工具，2 个工艺系列，10 件专利。

技术框架：

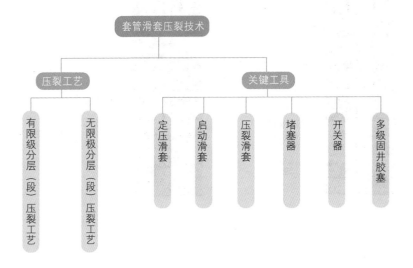

国内外广泛应用"体积压裂"形成复杂缝网增加改造体积提高单井产量，直井多层、水平井多段已成为提高油气井单井产量的有效手段。套管滑套压裂技术便是实现多层（段）体积压裂的典型代表。

套管滑套压裂技术是利用套管注入压裂液，借助水泥环和堵塞器实现层（段）间封隔的一种完井、压裂一体化技术。该技术具有管柱通径大可满足大排量压裂施工、井筒完整性高有利于井筒后期作业、滑套可开关可实现选择性开采等优势。

中国石油自主研发了有限级、无限级两种系列套管滑套压裂技术，配套工具性能比国外同类工具更先进，且成本较国外同类工降低 50% 以上，技术水平达到国际先进水平可满足不同井况多层（段）的压裂需求，现已在长庆油田规模推广应用。

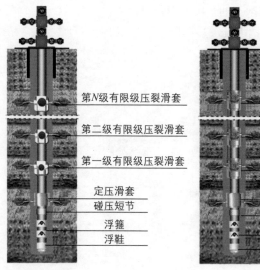

| 有限级套管滑套压裂管柱 | 无限级套管滑套压裂管柱 |

第N级有限级压裂滑套 — 第N级无限级压裂滑套
第二级有限级压裂滑套 — 第一级无限级压裂滑套
第一级有限级压裂滑套 — 启动滑套
定压滑套 — 定压滑套
碰压短节 — 碰压短节
浮箍 — 浮箍
浮鞋 — 浮鞋

有限级套管滑套压裂管柱　　无限级套管滑套压裂管柱

套管滑套压裂施工现场

套管滑套压裂技术已在长庆油田推广应用超过 50 口井，最大施工排量为 10m³/min，最高分压 7 层（段），平均单井试气产量是邻井的 1.2 倍，推动了长庆油田低渗透油气藏开发方式的重大变革，成为低渗透油气田改造的重要技术，被评为 2014 年"中国石油天然气集团公司自主创新重要产品"。

专利列表：

序号	专利名称	专利号／申请号
1	可缩径套管滑套	201110314142.1
2	一种可变径压裂阀	2011110314426.0
3	套管滑套完井分层改造工艺管柱	201220157665.X
4	一种套管滑套	201220178699.7
5	滑套	201220486326.6
6	套管滑套完井分层压裂改造工艺管柱	201120394269.4
7	可控压差式滑套	201220256018.4
8	液压式压裂滑套开关工具	201220380889.7
9	不限级数的智能固井滑套开关阀	201220499828.2
10	不限级数的智能固井滑套分层压裂工艺管柱	201220500302.1

（其宣传册和宣传片详见中国石油网站）

专家团队：慕立俊、赵振峰、李宪文 等

联系人：张华光

E-mail：zhguang_cq@petrochina.com.cn

电话：029-86593317

2.16 EM30 滑溜水压裂液

技术依托单位：中国石油长庆油田公司。

技术内涵：3 个特色技术系列，6 项特色技术，3 件特色产品，4 件专利。

技术框架：

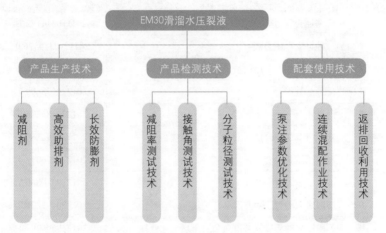

针对致密油气储层改造，中国石油形成了以水平井体积压裂为主体的改造工艺，配套工具、材料产品系列不断完善、性能不断提升，在实践应用中发挥了重要作用。EM30 滑溜水压裂液具有低摩擦阻力、可连续混配、可回收、低成本的性能，在致密油气储层改造中得到广泛的应用，并成为鄂尔多斯盆地致密储层改造主体压裂液，创造了显著的社会效益与经济效益。

EM30 滑溜水压裂液比常规压裂液摩擦阻力降低 50% 以上，重复利用率达 85%，储层岩心伤害率低至 15%，压裂液成本降至 60%。

其产品生产技术以减阻剂、助排剂和防膨剂为核心，通过产品质量性能检测与综合评价，进而实现压裂液配方优化的综合技术。

压裂施工现场

EM30 滑溜水压裂液技术在长庆油田致密油区块累计应用逾300 口井近 2800 段，返排液回收利用率达 85%，平均施工压力较该区块同类井施工压力降低 5 ~ 8MPa，压裂液成本降低近 30%。

专利列表：

序号	专利名称	专利号/申请号
1	一种适用于致密油气藏的低摩阻可回收滑溜水压裂液体系	201310585235.7
2	一种水溶性减阻剂及其制备和应用	201310552770.2
3	一种在岩心表面具有较高接触角的助排剂及其制备方法	201310597224.0
4	一种长效油井用黏土稳定剂及其制备方法	201310552134.X

（其宣传册和宣传片详见中国石油网站）
专家团队：慕立俊、赵振峰、李宪文 等
联系人：吴江
E-mail：wujiang-cq@petrochina.com.cn
电话：029-86593267

2.17 CO_2 干法加砂压裂技术

技术依托单位：中国石油川庆钻探工程公司。

技术内涵：3个特色技术系列，9项特色技术，5件专利。

技术框架：

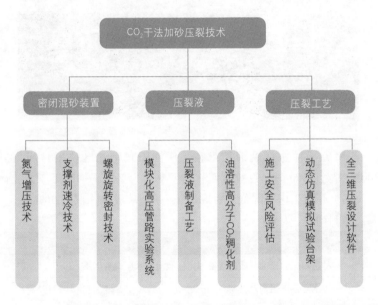

CO_2 干法加砂压裂技术是利用纯液态 CO_2 作为压裂液的一种"无水压裂"增产改造技术，施工中泵输介质为低温压缩流体，具有温度低、带压储运、带压混砂等特性。CO_2 干法加砂压裂技术可消除储层水敏伤害和水锁伤害，提高压裂改造效果，具有无残渣、有效保护储层和支撑裂缝、实现自主快速返排、大幅缩短返排周期、节约水资源等特点，有利于页岩气、煤层气吸附天然气的解析。尤其适合于低压、低渗透致密油气藏和水锁、水敏伤害严重的油气藏压裂开发，以及稠油油藏降黏压裂开发。

中国石油集团长期致力于 CO_2 干法加砂压裂提高低渗透油气田单井产量技术的攻关与推进，形成了 CO_2 干法加砂压裂工艺、CO_2 干法压裂液和密闭混砂装置三大技术系列、9 项特色技术，拥有 5 项专利技术。CO_2 干法加砂压裂技术已在鄂尔多斯盆地的长庆油气田成功应用，在单井增产和缩短返排周期方面效果显著。对实现低渗透油气藏的高产、稳产，减少压裂作业耗水量和实现对 CO_2 循环利用及实现温室气体埋存提供了强有力的技术支撑，成为水力压裂技术的有效补充。

长庆苏里格气田施工现场图

CO_2 干法加砂压裂技术在低压、低渗透，水敏、水锁伤害严重的油气藏开发中取得了显著增产效果。已在鄂尔多斯盆地的长庆苏里格气田、榆林气田、神木气田和姬塬油田进行了现场应用。施工最大井深 3352m，最高井温 107℃，最大单层加砂量 9.6m³，压裂后最高单井无阻流量 $6.4 \times 10^4 m^3/d$，返排周期较水基压裂缩短 50% 以上。

专利列表：

序号	专利名称	专利号／申请号
1	一种螺旋结构	ZL200920305472.2
2	管道间液体介质混配器	ZL201020583610.6
3	物料均布装置	ZL201220731924.5
4	螺旋输送器外筒	ZL201220732277.X
5	一种基于超临界二氧化碳的压裂液体系及其用途	201310515621.9

（其宣传册和宣传片详见中国石油网站）

专家团队：宋振云、崔明月、孙虎 等

联系人：宋振云

E-mail：songzhenyun@cnpc.com.cn

电话：029-86594676

2.18 BH-FDD 缝洞型地层堵漏技术

技术依托单位：中国石油渤海钻探工程公司。

技术内涵：2 个特色技术系列，1 个特色产品系列，3 件专利。

技术框架：

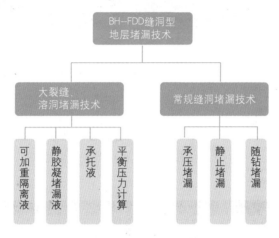

在钻完井作业中，针对缝洞型地层的漏失问题，中国石油开发了 BH-FDD 缝洞型地层堵漏技术。该技术包括常规缝洞堵漏技术及攻克了钻井、固井中的漏失问题，能够封堵小至微米级、大至米级的缝洞、裂缝、溶洞漏失。该技术成功率高，一次性堵漏成功率可达 90% 以上。现已在中国的华北油田、塔里木油田等油田，以及伊拉克哈法亚油田等实现推广应用，发展前景好。

针对非均质裂缝和孔隙发育地层，"一袋化"堵漏产品可根据裂缝宽度和孔喉半径的分布，具备合理的粒度级配，辅以水化膨胀、高失水、变形充填和纤维等组分，可迅速在地层内形成高强度封堵带。

"一袋化"钻井液堵漏产品

　　"一袋化"堵漏产品最大限度地减少了现场工程师对经验的依赖，现场使用简便高效，以漏失速率、漏层岩性和测井资料等数据为依据，选择适当的"一袋化"堵漏产品，直接添加到钻井液中，对裂缝宽度或孔洞直径在 5mm 以下的漏层以及宽度大于 5mm 的大裂缝或溶洞，一次性封堵漏层、加固井壁，提高地层承压能力，保护油气层。

堵漏原理示意图

该技术已在华北、塔里木、长庆、苏里格、哈法亚（伊拉克）等油田成功应用 100 余井次，成功解决了硬脆性泥岩、煤层和潜山灰岩裂缝性漏失难题，堵漏成功率达 90% 以上。

专利列表：

序号	专利名称	专利号 / 申请号
1	煤层气井用复合堵漏剂	2013107318025
2	封堵浅层套管漏失的堵漏剂及其制备方法	2013107277580
3	高温深井用承压堵漏剂	2014103855069

（其宣传册和宣传片详见中国石油网站）

专家团队：罗平亚、赵福祥、钟德华 等

联系人：刘永峰

E-mail：Zyy-lyf@cnpc.com.cn

电话：022-65831132

2.19 GW-CF 低残渣压裂液

技术依托单位：中国石油化学昆山公司。

技术内涵：6 个核心产品，4 项特色技术，5 件专利。

技术框架：

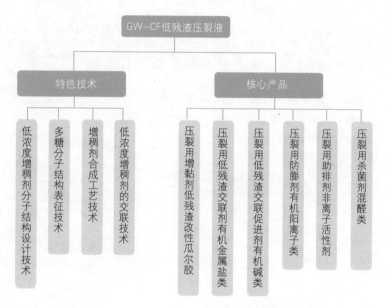

中国石油在低成本、低浓度、高返排压裂液体系的研制方面不断技术创新和实践，针对低渗透油气储层厚度小、物性差、岩性复杂、可动用储量低的特性，开发了 GW-CF 低残渣压裂液体系。该体系采用先进的低浓度增稠剂交联技术、低浓度增稠剂分子结构设计技术和优质压裂液添加剂，使压裂液的耐温、耐剪切性能及携砂性能大幅度提高，在创造优良压裂液性能的同时，体系残渣降低 80% ~ 90%，最大程度地减轻了压裂液对地层的伤害。

GW-CF 低残渣压裂液体系包括四大特色技术和六个核心产品，整体达到国际先进水平。产品已在中国新疆油田、长庆油田、大庆

油田、吉林油田、辽河油田等油田，以及北美地区推广应用，应用
效果佳，发展前景好。

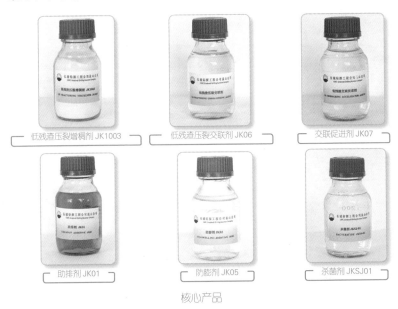

低残渣压裂增稠剂 JK1003　　低残渣压裂交联剂 JK06　　交联促进剂 JK07

助排剂 JK01　　防膨剂 JK05　　杀菌剂 JKSJ01

核心产品

中国石油化学昆山公司（昆山京昆油田化学科技开发公司）的
压裂液产品遍布中国各油田和亚洲、欧美多个国家和地区，其中
GW-CF 低残渣压裂液体系在高端压裂液领域占有率达 80% 左右。

苏里格气田现场应用

GW–CF 低残渣压裂液作为低伤害压裂液，非常适合苏里格油气田"三低"特殊储层的压裂需求。该体系也广泛应用于国内其他油田，至今共施工水平井 158 口，直井 817 口，成功率 100%。

专利列表：

序号	专利名称	专利号/申请号
1	一种压裂液增稠剂及其含所述增稠剂的压裂液	ZL 201110386957.0
2	一种适合含颗粒液体输送的泵叶	ZL 201120535415.0
3	一种植物胶反应釜密封装置	ZL 201120535164.4
4	一种植物胶碾压粉碎装置	ZL 201120535404.2
5	一种植物胶干燥预破碎装置	ZL 201120535465.9

（其宣传册和宣传片详见中国石油网站）

专家团队：彭树华、何建平、管宝山 等

联系人：邓明宇

E–mail：ksdmy@vip.sina.com

电话：0512–57665772

2.20　采油采气工程优化设计与决策支持系统（PetroPE）

技术依托单位：中国石油勘探开发研究院。

技术内涵：4 个技术领域，1 款特色软件，13 件专利，1 项标准。

技术框架：

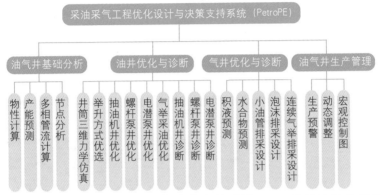

采油采气工程优化设计与决策支持系统 PetroPE 是油气井优化诊断和生产管理的软件系统，在对油气藏产能、井筒流体和设备受力及地面抽油设备运动规律等一体化分析的基础上，优选油气井生产设备和工作参数。

PetroPE 基于井筒三维力学仿真，应用产量—能耗—寿命三者协调设计方法，实现对各种井型、举升方式的油气井进行生产优化和系统诊断，适用于常规油气藏、凝析油气藏、稠油油藏。

PetroPE 是油气井提效降耗、延长检泵周期、提高管理水平的重要工具，已在中国多个油气田得到规模应用两万井次以上，平均提高系统效率 3.12%，年节电近亿千瓦时，大斜度井延长检泵周期 78 天。

油气井基础分析可实现物性计算、产能预测、多相管流计算、节点分析等功能。油井优化与诊断实现井筒三维力学仿真，可满足不同举升方式优化需要，可满足抽油机井、螺杆泵井、电潜泵井、气举采油井等的需要。

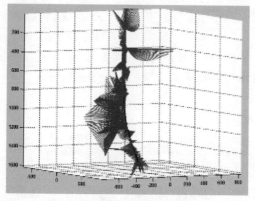

三维仿真界面

　　油气井生产动态管理方式有生产动态预警、动态调平衡、动态调参、宏观控制图等。

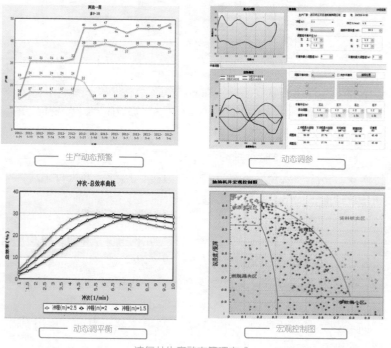

油气井生产动态管理方式

PetroPE 有多个版本，分别实现多种功能，可满足不同需求。

采油采气工程优化设计与决策支持系统 PetroPE 具有独立的软件著作权，是中国石油自主创新重要产品，2012 年获中国石油天然气集团公司科技进步一等奖。

（其宣传册和宣传片详见中国石油网站）

专家团队：雷群、刘合、吴晓东 等

联系人：师俊峰

E-mail：sjf824@petrochina.com.cn

电话：010-83595410

2.21　油藏数值模拟软件 HiSim®

技术依托单位：中国石油勘探开发研究院。

技术内涵：5 个特色技术系列，19 项特色技术，1 项国家注册商标，7 项计算机软件著作权，2 件发明专利。

技术框架：

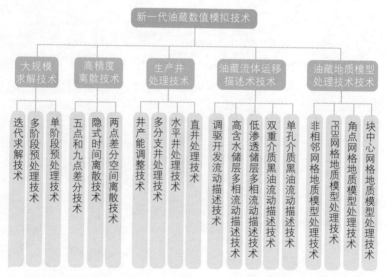

油藏数值模拟软件 HiSim®（Highly Integrated Simulator）以丰富的渗流数学模型为基础，以高效的数值模拟求解技术为手段，综合利用地质、油藏、实验、测试及油田生产动态数据等多领域数据信息，为油田开发人员提供贯穿油田开发全过程的分析、预测及研究的虚拟现实的技术工具。

HiSim® 提供了水驱大规模精细化模拟和化学驱模拟功能，涵盖从单井模拟、井组模拟到油田级别工业化模拟的一系列技术手段，使新油田的开发方案设计、老油田历史拟合和动态预测、方案调整及开采机理研究事半功倍。为严重非均质油藏注水开发、高含水老油田层系井网优化、化学驱提高采收率研究提供了重要技术手段。

具有大规模高效求解技术及模块、网格处理技术及模块、油藏属性与井处理技术及模块、数据转换与模型生成模块、成果可视化显示及交互模块、生产动态曲线模块、油藏工程分析模块。

HiSim® 为油气田开发提供了从数据管理、模型建立、模拟计算到动态可视化、历史拟合、油藏分析、方案优化的贯穿油田全生命周期的一系列研究工具。HiSim® 凭借先进的网格刻画、数值离散技术，实现了油藏的高分辨率模拟，为老油田剩余油研究和精细挖潜、提高石油采收率研究提供了重要的技术工具。

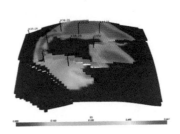

研究油田生命周期

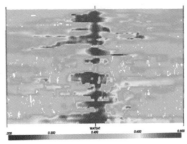

研究油田精细挖潜

HiSim® 软件精细表征该油藏单砂体、隔夹层、侧积体、断层和尖灭等复杂地质格架，有效地处理多油水系统、多岩石物性和多流体类型，以及生产状况复杂、生产周期长等复杂问题，实现真正高效、高精度的模拟。其历史拟合单井符合率达到 91.3% 以上，模拟结果有效指导了该区块的剩余油研究和方案优选。

HiSim® 已在中国的大庆油田、吉林油田、大港油田、冀东油田、新疆油田的百余个区块，以及厄瓜多尔、乍得、苏丹等国外油田的水驱开发和化学驱提高采收率的数值模拟研究中得到成功应用。

专利及软件著作权列表：

序号	专利（软件著作权）名称	类别	专利号/授权号
1	HiSim	国家商标注册	9262252
2	新一代油藏数值模拟软件 HiSim v1.0	软件著作权	2011SR017752
3	新一代油藏数值模拟软件 HiSim v1.1	软件著作权	2011SR084403
4	新一代油藏数值模拟软件 HiSim v2.0	软件著作权	2013SR047575
5	高含水油藏数值模拟软件 HiSimMWR v1.0	软件著作权	2011SR015965
6	新一代油藏数值模拟常规黑油软件 HiSimBLKv1.0	软件著作权	2013SR061451
7	陆相沉积油藏数值模拟软件 HiSimLRes v1.0	软件著作权	2014SR126893
8	新一代油藏数值模拟三维动态可视化软件 HiSimView v1.0	软件著作权	2011SR076783
9	一种油田最大波及体积化学驱采油方法	国家发明专利	ZL201010106273.6
10	一种提高正韵律厚油层水驱采收率的方法		ZL200910083119.9

（其宣传册和宣传片详见中国石油网站）

专家团队：郭尚平、韩大匡、沈平平 等

联系人：李小波

E-mail：lxb1980@petrochina.com.cn

电话：010-83595096

2.22 分层注水与实时监测技术

技术依托单位：中国石油勘探开发研究院。

技术内涵：2 项特色技术，7 件特色工具，13 件专利。

技术框架：

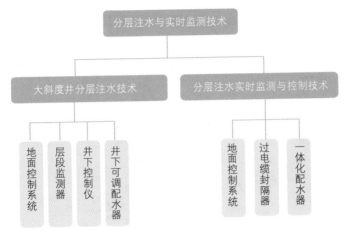

注水开发是保持油层压力，实现油田高产、稳产和改善油田开发效果的最经济、最成熟、最具潜力的方法。在中国油田储层中，92% 为陆相碎屑岩沉积，储层非均质性强。为加强中、低渗透层注水，提高水驱开发效果，大力研发了分层注水相关技术。分层注水与实时监测技术是实现有效注水，以及在高含水后期、特高含水期继续提高水驱采收率的必然选择之一。

中国石油为满足油田开发"注好水、注够水、精细注水、有效注水"的需求，缓解层间矛盾、实现高效有效注水，不断创新分层注水技术，发展形成了多个技术系列。中国石油的分层注水技术，无论在技术水平、细分程度还是应用规模上都达到了很高的水平，处于国际领先地位。在分层注水技术领域具有多项奖项、标准和自主知识产权专利，曾获国家科技进步特等奖、国家技术发明二等奖及多项省部级奖项。

分层注水实时监测与控制技术是指完井过程中预置钢管电缆，通过钢管电缆在地面实时监测每个层段的压力、流量和温度等参数。同时地面直接发出控制指令，实时动态调整任意层段的配注量，无需测试车。结合地面无线远传技术，管理人员在办公室即可对每口井进行实时监测和数据分析，通过点击鼠标可随时调整层段配注量。分层注水实时监测与控制装置主要由一体化配水器、过电缆封隔器和地面控制系统等部分组成。

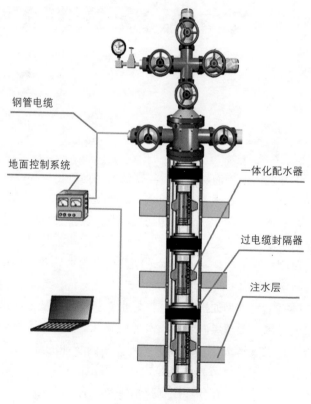

分层注水实时监测与控制装置

分层注水实时监测与控制技术已在中国大庆、吉林、冀东等油田现场试验于 10 余口井，封隔器验封、流量调配和分层参数监测都无需动用测试车，进一步提高了测调效率和层段参数的监测水平。

专利列表：

序号	专利名称	专利号／申请号
1	力感定位投捞工具	201210539350.6
2	可定位井下智能投捞器	201010293302.4
3	桥式同心连续可调配水器	2013100386040
4	桥式同心直读测调仪	201310042378.3
5	智能化井下配水控制装置	201010293316.6
6	井下无线通讯工具	201010293287.3
7	注水井智能配注测试装置	201010131278.4
8	注水井智能配注工艺	201010131263.8
9	注水井智能配注仪器	201010137188.6
10	油田油水井井下专用水轮发电装置	2011101620811
11	油田分层高压可调高分辨注水阀	2009101808842
12	注水井井下智能控制调测系统	2008100976329
13	分层注水高压验封仪	201310112367.8

（其宣传册和宣传片详见中国石油网站）

专家团队：王德民、刘合、裴晓含 等

联系人：孙福超

E-mail：fuchao.sun@petrochina.com.cn

电话：010-83598504

第三部分

石油工程领域

3.1 "PAI"技术——物探采集处理解释一体化解决方案

技术依托单位：中国石油集团东方地球物理勘探有限责任公司。

技术内涵：4项一体化解决方案，8项特色技术，135件专利，48项软件著作权。

技术框架：

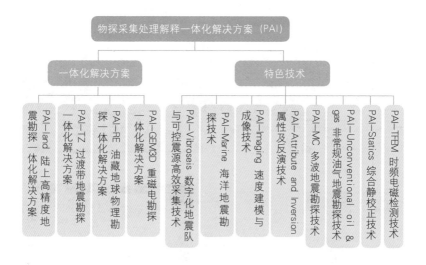

围绕不同勘探领域，针对油气勘探开发所面临的各种复杂问题，提供采集、处理、解释一体化解决方案。"PAI"技术涵盖了采集（Acquisition）、处理（Processing）、解释（Interpretation）一体化的物探技术服务领域。包括7项技术：PAI-Mountain 复杂山地地震勘探一体化解决方案；PAI-Desert 沙漠地震勘探一体化解决方案；PAI-TZ 过渡带地震勘探一体化解决方案；PAI-Loess 黄土塬地震勘探一体化解决方案；PAI-IRS 陆上油气富集区地震勘探一体化解决方案；PAI-LRC 陆上地震储层描述一体化解决方案；PAI-GEM3D 三维重磁电一体化解决方案。

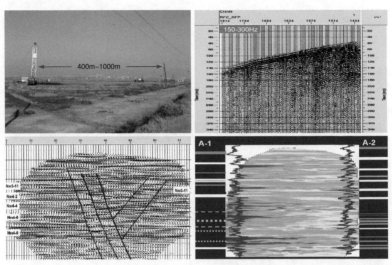

井间 VSP 采集、处理和解释

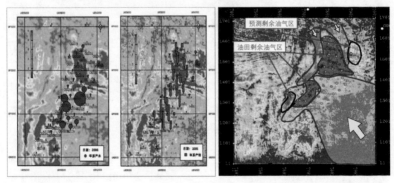

3.5D 勘探

中国石油的"PAI"技术成功应用于塔里木盆地、准噶尔盆地、中国东部精细油气勘探，并为多家国外公司提供了高效的精良服务。

专利列表（部分）：

序号	专利名称	专利号/申请号
1	一种时频域大地吸收衰减补偿方法	02123989.4
2	沙漠螺旋钻机车	01138620.7
3	人工源时间频率电磁测深方法	03150098.6
4	地震观测系统优化设计的层状介质双聚焦方法及其应用	200410086401.X
5	用于精细断层解释的优势频带相干处理方法	200410058167.X
6	地震数据处理中压制与激发源无关的背景噪声的方法	200510073244.3
7	横波或转换横波勘探近地表表层结构调查方法	200510080027.7
8	压制低信噪比地震记录中随机噪声的方法	200410102646.7
9	一种起伏地表地震数据处理的叠前深度偏移方法	200410102644.8
10	井间地震激发和接收互换反射波观测方法	200510085296.2
11	三维地震资料处理质量监控技术	200510056764.3
12	一种高精度的深度域叠前地震数据反演方法	200610098674.5
13	一种复杂地表区的条带状地震采集方法	200610098675.X
14	地震采集三维观测系统定量分析方法	200610114254.1
15	一种确定地下油气藏构造的方法	200610114253.7
16	一种利用振幅随偏移距变化特征提高油气检测精度的方法	200710065188.8

（其宣传册和宣传片详见中国石油网站）
专家团队：李庆忠、钱荣钧、凌云 等
联系人：张少华
E-mail：zhangshhua@cnpc.com.cn
联系电话：010-81200388

3.2 测井采集处理解释一体化技术（EILog）

技术依托单位：中国石油测井有限公司。

技术内涵：2 个技术系列，6 项特色技术 / 产品，146 件专利，80 项技术秘密，4 项软件著作权。

技术框架：

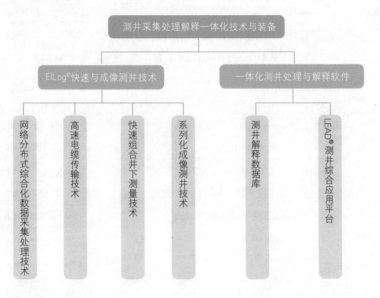

围绕低孔、低渗透油气层、低阻油气层、复杂岩性油气层等测井地层评价难题，EILog 快速与成像测井技术能提供裸眼井测井、套管井测井、射孔取心作业等全系列电缆测井服务，具有一次取全所有常规测井参数的能力，同时还具备多种成像测井作业能力。EILog 包含四大特色技术组成：网络分布式综合化数据采集处理技术、高速电缆传输技术、快速组合井下测量技术、系列化成像测井技术。

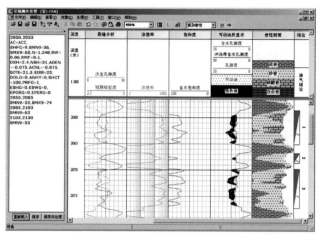

适应各种地质特点的常规测井处理解释

EILog 快速与成像测井技术能帮助客户高效、可靠、快速地获取准确、完备、优等的测井原始资料和高分辨率裸眼井测井、套管井测井、工程测井解释成果。

EILog 技术在大庆、辽河、长庆、华北、冀东等油田成功推广，并成功应用于乌兹别克斯坦等国外油气区。

专利列表：

序号	专利名称	专利号/申请号
1	高温高压微电阻率扫描成像测井仪极板	99116390.7
2	激发极化测井的合成聚焦方法	03153501.1
3	过套管电阻率测井仪推靠器液力回路装置	200610003458.8
4	利用全波列、偶极横波测井资料确定气层的方法	200610000623.4
5	一种氯能谱测井方法	03156760.6
6	一种含黏土人工岩心的制作方法	200610103429.9
7	超声成像测井仪器中的泥浆补偿装置	200710120345.0
8	推靠式多臂扶正井径微电极测井仪	200610112524.5
9	单发五收声系虚拟双发五收声系的方法	200610164863.8

续表

序号	专利名称	专利号/申请号
10	井下仪器高速单芯电缆传输装置	200610165511.4
11	测井声波信号接收与发射精确同步的方法	200710099694.9
12	居中型核磁共振测井仪探头永磁体	200710098887.2
13	一种三维感应 XY 线圈系	200910092029.6
14	数字声波变密度声系的非线性温度补偿方法	200710099695.3
15	管外油气水界面监测装置	200710065575.1
16	高精度数字声波变密度刻度方法	200710178679.3
17	一种多数据源测井数据访问方法及系统	201010252668.7
18	岩石自然电位测量装置	201010172611.6
19	岩石极化率测量装置	201010172600.8
20	一种油层开采程度的确定方法	200810238967.8
21	高性能地面系统柜	200630151282.1
22	阵列感应成像测井仪	200420088068.1
23	一种承载骨架体	200620112840.8
24	有效泄压式平衡装置	200620112841.2
25	车载液晶显示器固定锁紧装置	200620112842.7
26	一种液压推靠器下端承压转接头	200620112844.6
27	一种测井仪器通信电路	200620116367.0
28	机械推靠器极板转动装置	200620112837.6
29	一种用于石油测井仪器的承压插针	200620112838.0
30	一种和补偿密度滑板组合的微球极板	200620112839.5
31	一种联接销	200620112843.1
32	一种双相位键控调制电缆信号驱动与接收电路	200620120597.4
33	一种温度测量装置	200620120596.X
34	一种骨架滚轮径向柔性抗震结构	200620112850.1

续表

序号	专利名称	专利号 / 申请号
35	电缆震击器	200620119132.7
36	一种用于下井仪的多芯滑环连接装置	200620119174.0
37	一种应用于生产测井的快速反应温度传感器	200620119170.2
38	一种用于测井仪器的压力温度平衡装置	200620119172.1
39	一种橡胶扶正器	200620119167.0
40	一种试压用护帽护丝	200620119168.5
41	一种多芯承压盘	200620119173.6
42	可释放马笼头	200620119134.6
43	一种换能器透声窗	200620119133.1
44	四极子声波发射换能器	200620119175.5
45	测井绞车集流环	200620158766.3
46	一种插头插座固定座	200620119135.0
47	偶极子发射换能器	200620119171.7
48	一种极板测试盒	200720104152.1
49	一种石油测井仪器铝合金骨架体上接头	200720104153.6
50	测井电缆马笼头	200620158762.5
51	一种石油测井仪器变压器盒	200720104150.2
52	一种承压插针	200720104149.X
53	井下电磁屏蔽盒	200720104038.9
54	双贴靠力岩性密度—微球组合测井仪	200720104201.1
55	一种斜盘式轴向柱塞泵	200720104035.5
56	厚膜电路性能检测台架	200720104288.2
57	一种自然电位测量装置	200720148997.0
58	cPCI 采集箱体的总线专用底板	200720104287.8
59	基于 Nios 软核 CPU 的连斜数据采集装置	200720104041.0

续表

序号	专利名称	专利号 / 申请号
60	六臂地层倾角测井仪	200720104285.9
61	测量井下温度的传感器	200720104037.4
62	推靠式温度测井仪	200720104102.3
63	一种新型井径规	200720104033.6
64	一种石油勘探测井仪数据采集器	200720148972.0
65	测量井下浅层泥浆电阻率的微电极系	200720104103.8
66	侧向类测井仪橡胶电极系	200720104039.3
67	一种 N 电极动态选择装置	200720149080.2
68	一种新型液压推靠器转接套	200720104289.7
69	双侧向监督电极抗干扰装置	200720104286.3
70	一种监测缆头电压和仪器温度的厚膜电路	200720149213.6
71	用于感应仪器的加温装置	200720104040.6
72	可变结构参数的岩性密度测井仪滑板	200720149130.7
73	一种用于石油测井仪器的测试装置	200720104034.0
74	一种遥测仪脉冲信号处理厚膜电路	200720149600.X
75	一种遥测信号合成和识别的厚膜电路	200720149599.0
76	一种遥测仪三总线信号匹配的厚膜电路	200720149601.4
77	一种双侧向测井仪主监控厚膜电路	200720149081.7
78	居中型核磁共振测井仪探头天线	200720149004.1
79	一种石油测井遥测仪电缆传输驱动厚膜电路	200720149215.5
80	一种新型的网络接口	200720104151.7
81	一种脉宽调制调节高压电路	200720170386.6
82	一种遥测仪器模拟信号采集的厚膜电路	200720149212.1
83	一种 USB 接口实时数据采集控制器	200720170387.0
84	测井仪器动力钻具遥控装置	200720002885.4

续表

序号	专利名称	专利号/申请号
85	一种多功能井下电缆遥测数据传输转换器	200720173931.7
86	一种大功率声波发射换能器	200820078495.X
87	一种深度采集装置	200820078704.0
88	超声成像测井仪	200720190368.4
89	一种声波变密度声系温度测量组件	200820078494.5
90	一种陶瓷线圈骨架	200820078957.8
91	一种阵列感应仪器刻度环	200820078958.2
92	一种橡胶扶正器卡环	200820078955.9
93	测井仪器定值泄压平衡系统	200820078956.3
94	一种变压器	200820078953.X
95	一种电子仪骨架	200820078954.4
96	一种井径传感器的检测装置	200820080675.1
97	一种用于隔声的快速连接装置	200820108235.2
98	一种测井仪光电倍增管过线保护件	200820108633.4
99	一种随钻声波偶极子换能器	200820108726.7
100	随钻声波单极子换能器	200820108727.1
101	一种线路小型化的自然伽马能谱仪	200820109864.7
102	多极阵列声波发射变压器组件	200820108236.7
103	过套管电阻率测井探测器	200820122915.X
104	耐高温高压多芯绝缘密封插头连接线	200820122914.5
105	一种框架校正式倾斜角方位角测井仪	200820124173.4
106	一种测井仪器贯通线的过线装置	200920222804.0
107	一种电极系模拟刻度盒	200920222998.4
108	九参数测井仪	200920246241.9
109	一种石油测井仪侧向电极系	201020170144.9

续表

序号	专利名称	专利号 / 申请号
110	一种感应线圈阵列结构感应探头	201020192044.6
111	声波仪多接收换能器	201020212621.3
112	一种石油测井仪器承压外壳	201020250148.8
113	一种测井声波发射器	201020212400.6
114	一种 FDT 模块式地层测试器骨架定位结构	201020258970.9
115	一种自定心式主控制阀杆联接结构	201020175704.X
116	一种声波时差曲线重构设备	201020220075.8
117	一种新型石油测井中子发生器密封接头体	201020275423.1
118	一种高温高压试验釜换热装置	201020523093.3
119	岩石自然电位测量装置	201020192033.8
120	一种微电阻率井周成像测井仪信号检测厚膜电路	201020520409.3
121	一种测井信号地面采集预处理的厚膜电路	201020520419.7
122	随钻测井仪器柔性连接装置	201020522993.6
123	一种绝缘隔离体结构	201020696016.8
124	一种滚轮装置	201120098963.1
125	一种串级高压变压器	201120054105.7
126	能调节的测井仪器固定架连接装置	201120062879.4
127	移动式测井仪器支撑架	201120069963.9
128	一种微电阻率成像仪器电极信号检测装置	201020682645.5
129	Signal simulators	201120140359.0
130	一种三维感应测井仪刻度装置	201020592091.X
131	一种感应测井直耦信号调节装置	201120078668.X
132	一种压紧装置	201120098962.7
133	用于石油测井高温高压环境电阻率和温度复合测量装置	201120188473.0
134	高低压电流导线同时连接的插头	201120099008.X

续表

序号	专利名称	专利号 / 申请号
135	一种井下油路快接阀组	201120210565.4
136	水平井测井在线扶正器	201120230989.7
137	多芯旋转短节	201120230938.4
138	水平井成像测井专用扶正器	201120230939.9
139	新型密度仪器姿态保持器	201120230990.x
140	一种高压变压器	201120054126.9
141	一种井下流体光谱测量装置	201120268649.3
142	一种随钻中子测井仪井下压力控制开关	201120250412.2
143	随钻测井仪器安全保护装置	201120475618.5
144	s-bus 单总线通信电路	201120448903.8
145	一种可控源随钻核测井仪器刻度装置	201220049998.0
146	微球聚焦测井仪单推靠器	201220024679.4

（其宣传册和宣传片详见中国石油网站）

专家团队：孙宝佃、陈文辉、余春昊 等

联系人：唐宇

E-mail：zycjtangy@cnpc.com.cn

联系电话：029-88776043

3.3 钻井技术

技术依托单位：中国石油钻井工程技术研究院。

技术内涵：6 个技术系列，5 项特色技术，692 件专利。

技术框架：

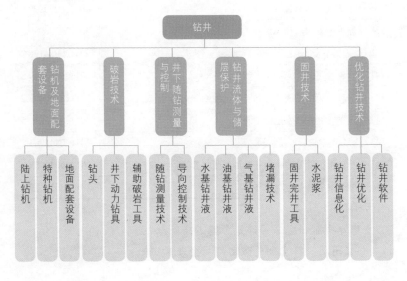

围绕各种复杂陆上地表、地质条件和滩海钻井施工作业，特别是深井超深井和特殊工艺井钻完井等方面，中国石油拥有先进的装备、独到的工艺技术和丰富的作业经验。

中国石油钻井技术特色部分主要包括深井超深井钻完井技术系列、定向井水平井钻完井技术系列、欠平衡钻完井技术系列、套管钻井技术系列、钻井液及处理剂技术系列、固井技术系列、煤层气钻完井技术系列、地下储库建库工程技术系列等技术系列。

阶梯水平井

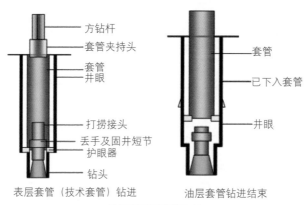

| 方钻杆 | 套管夹持头 | 套管 | 井眼 | 打捞接头 | 丢手及固井短节 | 护眼器 | 钻头 |

套管
已下入套管
井眼

表层套管（技术套管）钻进　　　油层套管钻进结束

单行程表层套管钻井

　　钻井技术不仅为国内各类油气藏的勘探开发和大幅度提高钻井速度提供了有效技术支持，而且成功地应用到南美、中东、中亚、东南亚等 27 个国家和地区，有效解决了哈萨克斯坦北布扎奇项目固井质量难题、埃及和巴基斯坦高浓度硫化氢地层的安全钻井施工、肯尼亚高温地热井等钻探安全问题。

（其宣传册和宣传片详见中国石油网站）

专家团队：孙宁、苏义脑、邹来方 等

联系人：唐纯静

E—mail：tcjdri@cnpc.com.cn

联系电话：010—80162355

3.4 油气管道技术

技术依托单位：中国石油管道局工程有限公司、中国石油管道公司（管道销售公司）。

技术内涵：4 个技术系列，29 项特色技术，221 件专利，133 项技术秘密，24 项软件著作权。

技术框架：

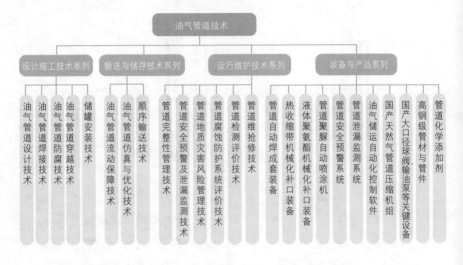

围绕油气管道设计施工、检查评价和安全运行，中国石油研究开发了具有国际领先水平的油气管道技术。

油气管理技术主要包括管道设计施工、油气输送与储存、管道完整性、检测与维抢修和装备产品四大技术系列 29 项特色技术。这些技术现已成功应用于国内的西气东输管道、西气东输二线管道、西部管道、忠县—武汉（简称忠武）管道、兰州—成都—重庆（简称兰成渝）管道等工程建设与管理，以及苏丹、利比亚、印度、俄罗斯、中亚等国外管道工程建设与运行管理。

西气东输二线施工作业

中国石油拥有一大批优秀的管道专业技术人才，管道技术研究试验设施，成熟的建设、管理、服务队伍，可提供油气管道设计施工领域的各项技术和服务。

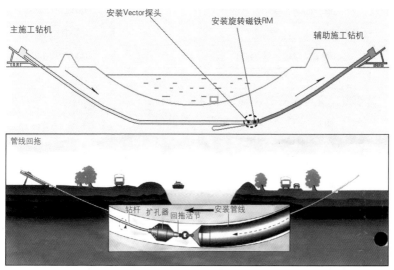

管道穿越示意图

117

专利列表（部分）：

序号	专利名称	专利号 / 申请号
1	油气管道腐蚀缺陷补强后的补口方法	200610114722.5
2	一种石油烃类装置和管道的原位在线防腐方法及装置	201210322239.1
3	一种管道带压开孔机	201210126399.9
4	一种天然气管道延性断裂止裂方法	201010193386.4
5	大口径高钢级输气管道全尺寸气体爆破试验用启裂钢管及其制备方法	201110228432.4
6	一种热煨弯管工艺方法	201110160336.0
7	一种星型水合物防聚剂及其制备方法	201110240506.6
8	含蜡原油加降黏降凝组合物的管输工艺方法	200910243237.1
9	一种螺纹泄放双重密封结构	201210068798.4
10	一种埋地管道内腐蚀评价方法	201110020215.6
11	快速确定钢管屈曲应变能力的方法	200910087054.5
12	一种助推清管操作设备的装置	201210105374.0
13	一种万向清管器指示器	201210184130.6
14	管道大修复合外防腐层	03157543.9
15	一种高强度热弯管的制造方法	200710178676.X

（其宣传册和宣传片详见中国石油网站）

专家团队：李鹤林、陈庆勋、王卫国 等

联系人：霍峰 / 陈国群

E-mail：tx_huofeng@cnpc.com.cn/gcchen@petrochina.com.cn

联系电话：13832654994/0316-2074659

3.5 12000m 特深井钻机

技术依托单位：中国石油宝鸡石油机械有限责任公司。

技术内涵：7 项装置，24 件专利。

技术框架：

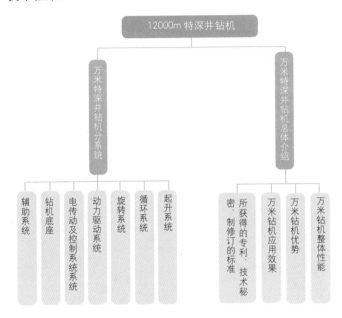

  12000m 特深井钻机是中国石油研制的拥有自主知识产权的国内外第一台陆地用交流变频驱动方式的石油钻机，由 6000hp 大功率绞车、承载 9000kN 井架底座、大承载能力的游吊设备、高压钻井泵、转盘及转盘驱动装置、交流变频电控系统、9000kN 顶部驱动装置 7 项关键装置组成，总体性能达到国际陆地钻机领先水平，改变了我国超深井钻机依赖进口的局面，对我国深层油气资源勘探开

发具有重要意义。

2007 年起，3 套 12000m 钻机相继服务于元坝气田。其中首台 12000m 钻机承担在四川盆地川西坳陷孝泉构造部署的国内第一口海相超深科学探索井，完钻井深为 7560m，在经历了冬夏自然环境与复杂地质条件和"5·12"汶川大地震的考验，钻机所有设备运转正常。该钻机钻穿陆相地层钻入海相地层，创出了川西地区一系列高新指标，在欠平衡施工井段（4671 ～ 5431.7m），纯钻进时间为 837.75h，平均机械钻速达到每小时 1.02m，比常规钻井平均机械钻速提高了 30%。

12000m 特深井钻机　　　　　　　9000kN 顶驱

专利列表（部分）：

序号	专利名称	专利号/申请号	备注
1	钻井泵缸套内外表面冷却装置	11/966，277 200710018444.8	美国
2	石油钻机游吊系统用铸钢及其制造方法	200710018524.3	
3	钻井泵缸套内外表面冷却装置	200710178675.5	
4	盘式刹车自动补偿间隙的制动钳	200720031852.2	
5	新型节能大功率石油钻井绞车	200720032335.7	
6	石油绞车新型换挡机构	200720032411.4	
7	两半对接式绳槽体绞车滚筒	200620079230.2	
8	钻机井架液压起升式人字架	200620135826.X	
9	排绳器导轮组	200620164963.6	
10	钻台面钻井液自动冲洗回收系统	200620136085.7	
11	往复泵用立式吸入空气包	200820029649.6	
12	新型静负荷试验装置	200720031240.3	
13	冲管旋转的石油钻机水龙头用冲管总成	201020302221.1	
14	高压重载水龙头的气动动力装置	200720032412.9	
15	大跨距孔同轴度检测用工具	200820124106.2	
16	用于盘式刹车装置的无润滑轴套	200920033103.2	
17	石油钻机钩载底梁式静载试验装置	200820124172.X	
18	一种刹车块自动回位装置	200420086388.3	
19	超大功率钻机绞车	200520079310.3	

（其宣传册和宣传片详见中国石油网站）

专家团队：苏义脑、王进全、黄悦华 等

联系人：周发学

E—mail：zhoufx@cnpc.com.cn

电话：0917—3462764

3.6 自动垂直钻井系统

技术依托单位：中国石油集团西部钻探工程有限公司。
技术内涵：3 个技术系列，7 项特色技术，24 件专利。
技术框架：

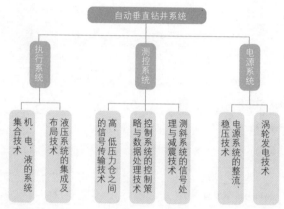

当井眼发生偏斜时，自动垂直钻井系统经过分析判断，分别控制柱塞导向块伸出程度，并在井壁反方向力的作用下，使钻头产生一个横向纠斜力，沿纠斜方向钻进，从而使井眼回到垂直轨道并保持钻头垂直钻进。系统不仅可提高井眼轨道的控制精度，还可节约调整钻具所用的时间，达到防斜打快的目的。

系统由电源子系统、测量控制子系统、液压执行子系统三大部分组成，具有井下闭环自动控制、矢量控制纠斜力、泥浆涡轮发电、电能无接触传输等特点。系统采用模块化设计，性能稳定可靠，操作维护简便。

自动垂直钻井系统为解决山前高陡构造、大倾角地层、逆掩推覆体地层等易斜井段钻井技术难题，有效地解放钻压和提高钻井速度，提供了经济、高效的技术手段，现已成功应用于玉门油田和呼图壁储气库项目。

自动垂直钻井系统原理图

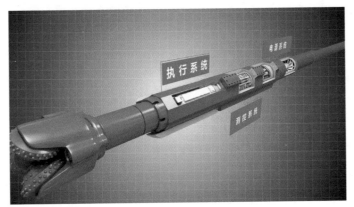

自动垂直钻井三大系统

专利列表：

序号	专利名称	专利号/申请号
1	一种垂直钻井工具	200620172933X
2	一种可变径稳定器	2006201729325
3	一种垂直钻井工具	2007201398539
4	一种三变径稳定器	2007201475249
5	一种垂直钻井工具	2007201562340

续表

序号	专利名称	专利号/申请号
6	一种垂直钻井工具	2007201254405
7	一种电磁阀	2007201290670
8	一种垂直钻井工具	2008201190713
9	一种垂钻工具锁紧销机构	2009201659326
10	一种伸缩爪机构	2009201619795
11	双级密封装置	2010201756206
12	导电滑环	2010205043903
13	伸缩液压缸	2010205043918
14	导电滑环	2010102625235
15	伸缩液压缸	201010262524X
16	井下隔离桥塞	2010206158800
17	可回收式封隔器	2010206157418
18	垂直钻井工具	2011203589560
19	液压推力装置	2011203589575
20	垂直钻井工具测试台架	2011201973344
21	电磁耦合器	2012200967726
22	垂直钻井系统专用护板	2012201365998
23	垂直钻井系统电子节	2012201366030
24	涡轮驱动型井下钻井液发电机	2012201860181

（其宣传册和宣传片详见中国石油网站）

专家团队：许树谦、陈若铭、宋朝晖 等

联系人：程召江

E-mail：chengzhj@cnpc.com.cn

电话：0990-6885271

3.7　CGDS-1 近钻头地质导向钻井技术

技术依托单位：中国石油钻井工程技术研究院。

技术内涵：4 个技术系列，8 项特色技术，27 件专利。

技术框架：

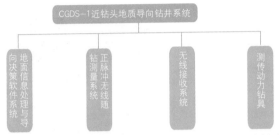

近钻头地质导向钻井技术是国际公认的 21 世纪钻井高新技术。近钻头地质导向钻井系统集机、电、液体化系统，随钻信息测量、传输、决策与控制导向于一体，它具备"测、传、导"的功能，即通过近钻头地质参数与工程参数的测量、井下与地面的双向信息传输和地面控制决策，可引导钻头及时发现和准确钻入油气层，并在油气层中保持很高的钻遇率，从而提高发现率和油气井产量，达到增储上产的目的。在薄油层水平井中，这种优势愈加突出，因此被业内人士称为"航地导弹"。

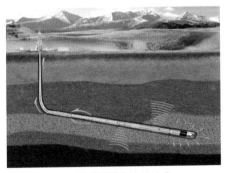

近钻头地质导向钻井技术

CGDS-1 地质导向钻井系统起钻后进行井下仪器测试

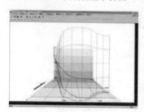

地面仪器房和控制台显示界面

CGDS-1 系统起钻出井口

轨道设计界面

中国石油的 CGDS-1 近钻头地质导向钻井系统可测量 3 个近钻头地质参数、2 个近钻头工程参数和 3 个井眼轨迹控制参数，造斜能力达到长中半径要求，信号传输深度 5000m，数据传输速率 5bit/s。

CGDS-1 系统已产业化，截至 2010 年 5 月已在冀东、辽河、四川、江汉等油田累计应用于 28 口井。

专利列表：

序号	专利名称	专利号／申请号
1	一种近钻头电阻率随钻测量方法及装置	2004100055265
2	一种无线电磁短传装置	2004100042759
3	一种接收和检测钻井液压力脉冲信号的方法及装置	2004100055250
4	一种随钻测量的电磁遥测方法及系统	200410005527X
5	一种井底深度与井眼轨迹自动跟踪装置	2004100042744
6	方位中子孔隙度随钻测量装置	2008101144279
7	一种井下信息传输的编码及解码方法	2008101146344

续表

序号	专利名称	专利号/申请号
8	电缆收放装置、井下信息传输装置和方法	2008101146359
9	一种井下信息自适应传输方法和系统	2008101148176
10	一种近钻头地质导向探测系统	200810114633X
11	一种井下发电装置	2008101146325
12	一种提高电磁波电阻率测量精度和扩展其测量范围的方法	2009101315811
13	用于 MWD 井下连续波信号处理方法	2010105976106
14	连续波随钻测量信号优化和干涉分析方法	2010105975457
15	随钻中子孔隙度测量的中子发射控制系统、装置及短节	2010105931514
16	平面推力轴承	2005201275826
17	密封球铰万向轴	2005201300442
18	抗冲击传动轴总成	2005201300457
19	用于井下发电机组的液体驱动涡轮	2008201080840
20	一种井下随钻用交流发电机组	200820108505X
21	一种感应式井下数据连接装置	2008201085045
22	一种井下无线电磁发射装置	2008201085079
23	一种用于随钻测量的发射线圈及其磁芯	2008201085115
24	连续波压力脉冲发生器	200820108512X
25	一种地面信号下传系统	2008201085134
26	一种随钻电磁波电阻率测井天线系统	2009201484213
27	中子发生器供电电源	2010201838850

（其宣传册和宣传片详见中国石油网站）

专家团队：苏义脑、盛利民、邓乐 等

联系人：王娜

E-mail：wangnadri@cnpc.com.cn

联系电话：010-83593364

3.8 高温高压高含硫天然气钻完井技术

技术依托单位：中国石油川庆钻探工程公司。

技术内涵：4 个技术系列，14 项特色技术，6 件专利。

技术框架：

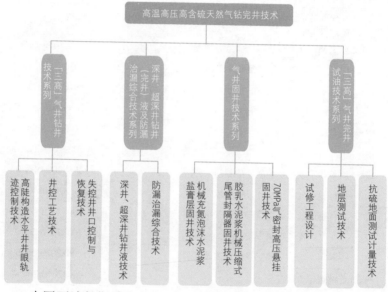

中国石油长期致力于高温高压高含硫（简称"三高"）天然气田的工程技术的探索与研究，如今已成为石油界出色的高温高压高含硫天然气田（即"三高"天然气田）开发的实践者，在气田钻完井领域，自主研发了具有业界领先水平的"三高"天然气田的特色工程技术系列，即："三高"气井钻井技术、深井超深井钻完井液技术、气井固井、完井试油技术。经过 50 多年的探索与实践，成功解决了四川盆地、塔里木盆地迪那等"三高"气田钻完井技术难题，逐步实现了"三高"天然气田的高效、安全开发。中国石油已经成功地把"三高"天然气田钻完井特色技术输送到伊朗、土库曼斯坦等国。

抗硫地面测试计量

　　能提供地层压力预测、科学化井控设计、规范化井控作业、常规溢流处理和全空井、喷漏同存等复杂情况处理井控工艺技术，具有丰富的处理包括"三高"井在内的复杂井控问题的经验，能够提供井控技术服务与相关咨询；并能提供适用于"三高"井的各种型号井控配套装备，主要技术指标达到 API 标准。

喷砂切割装置

专业化陆上油气井应急救援抢险队伍，配备世界一流的抢险救援装备及技术。中国石油曾参加过科威特、土库曼斯坦奥斯曼3井等大型油气井抢险救援，并成功恢复井口，对油气井实施有效控制。能为客户提供大型油气井井喷失控或着火后的恢复作业及相应的技术咨询。

专利列表：

序号	专利名称	专利号／申请号
1	跨测试阀直读井下数据的测试装置	20072200804485.5
2	试油测试管柱力学载荷计算软件	SR2010SR055952
3	油气井地面测试数据无线采集监控装置	200720080629.7
4	管柱式除砂器	200720080285.X
5	无线传输压力采集器	200820063331.X
6	无线传输温度采集器	200820063330.5

（其宣传册和宣传片详见中国石油网站）

专家团队：罗平亚、伍贤柱、孙海芳 等

联系人：孙莉

E-mail：sunli_sc@cnpc.com.cn

电话：0838-5151350

3.9 顶部驱动钻井装置

技术依托单位：中国石油钻井工程技术研究院。

技术内涵：4 个技术系列，17 项特色技术，21 件专利。

技术框架：

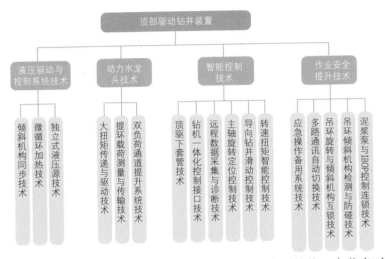

顶部驱动钻井装置是现代钻机技术的重要发展趋势，在节省时间、提高钻机作业效率、处理井下复杂、提高机械化程度和安全性等各方面具有明显优势，逐渐成为钻机的标准配置之一。

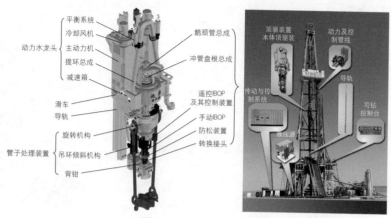

顶驱液压驱动与控制系统

通过30多年的持续改进，中国石油研发制造了多种型号、多种规格的系列产品，既有先进的交流变频驱动顶驱，又有结构小巧的液压驱动顶驱，能为2000～12000m各种型号钻机提供配套服务。

中国石油拥有一大批优秀的科技研发人才、专业的生产制造厂家、广阔的市场销售网络和完善的售后服务体系，可以提供质量可靠、性能稳定的顶驱装置及优良的售后服务。

顶部驱动钻井装置已成功应用于中国的新疆、四川、大港、华北、胜利、辽河等各大油田，以及美国、委内瑞拉、苏丹、沙特阿拉伯等国家和地区。

专利列表（部分）：

序号	专利名称	专利号/申请号
1	带有齿轮锁定装置的钻机顶驱旋转头	201020580068.9
2	一种控制石油钻机顶驱装置转速扭矩的方法	200810056832.X
3	顶部驱动钻井装置侧挂式背钳分体式挂臂	200820080680.2
4	一种空心动力钻具直接驱动顶部驱动钻井装置	200620134291.4
5	一种石油钻机顶驱装置用快速插接式导轨	200620115779.2
6	石油天然气钻井水龙头冲管总成	2005201333296.0

续表

序号	专利名称	专利号/申请号
7	顶部驱动钻井装置	200530123315.7
8	一种顶部驱动钻井装置多位置双向浮动钳	200520112149.5
9	整体式无泄漏泥浆伞	200520112148.0
10	一种石油天然气钻井用提环	200520112146.1
11	带有载荷传感器的顶驱钻机提环装置	200720173941.0

（其宣传册和宣传片详见中国石油网站）

专家团队：钟树德、马家骥、刘广华 等

联系人：王娜

E—mail：wangnadri@cnpc.com.cn

联系电话：010—83593364

3.10 CQMPD-1 精细控压钻井系统

技术依托单位：中国石油川庆钻探工程公司。

技术内涵：4 项核心装备，4 项特色技术，10 件专利。

技术框架：

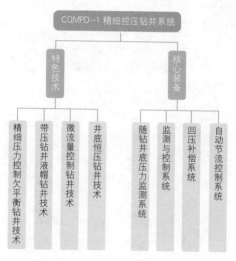

随着油气资源的日渐衰竭，油气勘探开发面临越来越多的更深更复杂的地层。而在钻探这些深层复杂地层时，常常出现井涌、井漏、有害气体泄漏、卡钻等钻井复杂问题，增加了钻井成本和作业风险。

中国石油成功研发了 CQMPD-1 精细控压钻井系统及配套技术。系统集机、电、液、信息、自动控制等技术为一体，通过对井底和地面数据实时采集、分析和处理，自动调节井口套压，实现井底压力的精细控制。

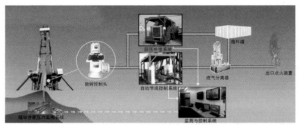

CQMPD-1 精细控压钻井系统

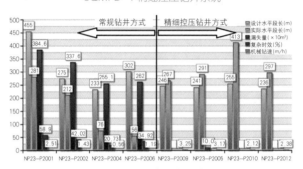

精细控压钻井应用效果对比

　　CQMPD-1 精细控压钻井系统能够有效地解决窄密度安全密度窗口、多压力系统、压力敏感性地层引起的井漏井涌等井下复杂问题，减少非生产时间，缩短钻井周期，实现安全快速钻进。

　　该系统先后在四川、冀东、塔里木等区块提供了优质服务，有效地解决了"溢漏同存"的复杂地层安全钻井难题，为压力深层油气勘探提供了重要的技术支撑。

　　专利列表：

序号	专利名称	专利类型	专利号／申请号
1	井筒压力模型预测系统控制方法	发明	ZL201110332763.2
2	井筒压力模型预测系统控制方法	发明	PCT/CN2011/001867
3	闭环精细控压钻井系统	实用新型	ZL201120357728.1
4	一种油气井精细控压钻井监控系统	实用新型	ZL201120357735.1
5	一种石油钻井用电动控制节流装置	实用新型	ZL201120357729.6

续表

序号	专利名称	专利类型	专利号／申请号
6	油气井用电动控制自动节流系统	实用新型	ZL201120357734.7
7	回压补偿装置	实用新型	ZL201120357725.8
8	一种自给式局部循环系统	实用新型	ZL201120357731.3
9	一种井口压力抽吸装置	实用新型	ZL201120357732.8
10	一种 PWD 随钻压力测量设备的运输装置	实用新型	ZL201120357724.3

（其宣传册和宣传片详见中国石油网站）

专家团队：伍贤柱、孙海芳、韩烈祥 等

联系人：梁玉林

E-mail：liangyl_ccde@cnpc.com.cn

电话：0838-5152043

3.11 PCDS™ 精细控压钻井系统

技术依托单位：中国石油钻井工程技术研究院工艺所。

技术内涵：5 项特色装备，3 项特色技术，27 件专利。

技术框架：

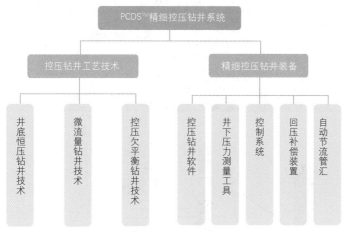

随着油气勘探开发逐渐向深井、复杂井、高温高压井的不断推进，窄密度窗口问题日益突出，采用常规钻探技术，易出现井涌、井漏、卡钻等一系列钻井复杂问题，已成为严重影响和制约油气勘探开发进程的技术瓶颈。

控压钻井技术是当今世界钻井工程前沿技术之一。精细控压钻井系统集机、电、液、气一体化系统和随钻压力测量、设备在线智能监控、应急处理功能于一体，具有环空压力闭环监控、多策略、自适应的特点。通过对井筒环空压力的闭环实时监测与精确控制，能有效预防和控制溢流和井漏、避免井下复杂、大幅度降低非生产时间；能够保护油气层、提高水平段延伸能力、有利于提高单井产能，是当前解决深井压力敏感地层、高温高压地层、窄密度窗口等钻井难题最有效的手段。

PCDS™ 精细控压钻井系统

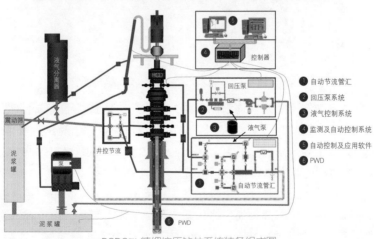

PCDS™ 精细控压钻井系统装备组成图

PCDS™ 精细控压钻井系统是中国石油具有自主知识产权的钻井装备，实现了"看着井底压力来打井"，集恒定井底压力与微流量控制功能于一体，可进行近平衡、欠平衡精细控压钻井作业，井底压力控制精度可达 ±0.35MPa，已成为安全、高效的钻井技术装备新利器。

PCDS™精细控压钻井系统先后在我国川渝、塔里木、华北、冀东以及海外等控压钻井服务热点和难点地区提供优质控压钻井技术服务，有效解决了"溢漏共存"钻井难题，储层发现和保护效果显著，实现了碳酸盐岩地层、窄密度窗口地层、深井高温高压复杂地层的安全高效钻井作业。

专利列表（部分）：

序号	专利名称	专利类型	专利号／申请号
1	一种组合式多级压力控制方法与装置	发明	ZL201010236362.2
2	用于控压钻井实验与测试的井下工况模拟方法	发明	ZL201010139484.X
3	自动检测报警高压密闭过滤器严重堵塞的方法与装置	发明	ZL201110418999.8
4	一种全井段环空压力测量方法、装置及控制方法与装置	发明	ZL201010570374.9
5	一种利用流量监控实现井底压力控制的钻井装备与方法	发明	201210226318.2
6	一种适应大流量变化的单节流通道控压钻井方法与装备	发明	201310114422.7
7	精细控压钻井技术解决井壁稳定的方法	发明	201310114285.7
8	一种用于控压钻井的压力补偿装置	实用新型	ZL200920277598.3
9	用于控压钻井的新型节流管汇	实用新型	ZL200920246846.8
10	利用 FF 现场总线实现控压钻井的装置	实用新型	ZL201020144452.4
11	一种钻井环空压力精细控制系统	实用新型	ZL201020108986.1
12	用于控压钻井实验与测试的井下工况模拟装置	实用新型	ZL201020149177.5
13	一种组合式多级压力控制装置	实用新型	ZL201020269954.X
14	手动自动为一体的节流控制装置	实用新型	ZL201020270433.6
15	一种具有双级节流功能的控压钻井节流装置	实用新型	ZL201020270446.3
16	自动检测报警高压密闭过滤器严重堵塞的装置	实用新型	ZL201120523962.7
17	一种用于控压钻井的回压泵系统出口装置	实用新型	ZL201220226805.4

续表

序号	专利名称	专利类型	专利号／申请号
18	一种利用流量监控实现井底压力控制的钻井装备	实用新型	ZL201220316400.X
19	一种适应大流量变化的单节流通道控压钻井装置	实用新型	ZL201320163014.6
20	一种精细控压钻井稳定井壁的装置	实用新型	ZL201320162860.6

（其宣传册和宣传片详见中国石油网站）

专家团队：石林、周英操、方世良 等

联系人：王瑛

E－mail：wangyingdri@cnpc.com.cn

电话：010－52781735

3.12 套管钻井技术

技术依托单位：中国石油吉林油田公司。

技术内涵：4 个技术系列，12 项特色技术，36 件专利，27 项技术秘密，1 项软件著作权。

技术框架：

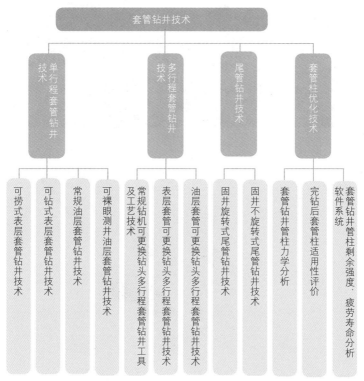

套管钻井是指在钻进过程中，直接用套管取代传统的钻杆向井下传递扭矩和钻压，边钻进边下套管，完钻后作钻柱用的套管留在井内用来完井。套管钻井技术把钻进和下套管合并成一个作业过程，不再需要常规的起下钻作业。

常规油层套管钻井

随钻扩眼器

　　套管钻井技术方主要包括四大系列，即单行程套管钻井技术、多行程套管钻井技术、尾管钻井技术、套管柱优化技术。

　　套管钻井技术现已在吉林油田、大庆油田、大港油田、河南油田等油田推广应用 40 余口井，取得了良好的效果。

　　中国石油有优秀的专业技术人才队伍，配套先进的套管钻井工具与设备，可提供全套优质的套管钻井完整解决方案和技术服务。

　　专利列表：

序号	专利名称	专利号 / 申请号
1	一种套管钻井方法	200510068145.6
2	套管钻井用套管夹持器	200420072795.9
3	套管钻井用转换接头	200420072985.0
4	套管钻井液压式套管驱动头	200320127812.X
5	套管钻井机械式套管驱动头	200320127963.5
6	可捞式套管钻井专用钻头	200620158612.4
7	可捞式套管钻井表层专用钻头	200620158611.X
8	可涨开式钻鞋	200410071142.3
9	套管钻井用固定式钻鞋	200420072794.4
10	可钻式套管钻井表层专用钻头	200620158609.2
11	套管钻井用顶部驱动装置	200720143727.0
12	钻鞋	200720103929.2
13	套管钻井专用螺纹脂	200510127806.8
14	一种提高套管钻井用套管螺纹抗扭矩特性的对顶环	200520142110.8
15	分体式套管扶正器	200420072799.7
16	一种用于套管钻井的扶正器	200420072800.6
17	一种套管钻井专用固井胶塞	200420072798.2
18	一种用于套管钻井的固井胶塞	200420072797.8
19	套管钻井用套管扣	200520108077.7
20	套管钻井承扭保护器	200420117916.7
21	套管钻井固井自封式胶塞	200420000933.2

续表

序号	专利名称	专利号 / 申请号
22	套管钻井及完井钻头连接器	200420000934.7
23	套管钻井用加长螺纹套管	200520114327.8
24	套管钻井钻头与套管连接的连接器	200520129835.3
25	替代阻流环式的自封胶塞	200720169969.7
26	套管钻井用钻头丢手	200420072796.3
27	套管钻井专用钢丝绳密封装置	200720190565.6
28	套管钻井专用随钻扩眼器	200720173568.9
29	套管钻机钻井液密封装置	200320127964.X
30	套管钻井专用坐底套管	200720172900.X
31	套管钻井井口专用泵入短节	200720190564.1
32	尾管钻井和完井工艺	200810137340.3
33	一种钻井液润滑添加剂及其制备方法	200410074057.2
34	可分别钻井和完井的旋转尾管悬挂器	200820090937.2
35	可分别进行钻井和完井的旋转尾管悬挂器	200810137153.5
36	一种套管磨损保护短节	200720190170.6

（其宣传册和宣传片详见中国石油网站）

专家团队：苏义脑、张凤民、王辉 等

联系人：杨振科

E-mail：yangzk-jl@petrochina.com.cn

联系电话：0438-6337708

3.13 复杂油气井固井技术

技术依托单位：中国石油海洋工程有限公司。

技术内涵：7 个技术系列，29 项特色技术，10 件专利。

技术框架：

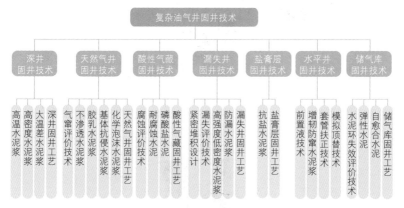

随着油气勘探开发向深层和新领域扩展，钻完井工程面临着高温高压、盐膏层/盐水层、酸性气藏、长封固段等复杂地质、工况条件下的固井难题。中国石油经过几十年的攻关和积累，形成了紧密堆积理论、防窜评价方法、水泥环失效评价等前沿固井理论成果，开发出抗盐降失水剂、抗盐胶乳、大温差缓凝剂、深水固井水泥、自愈合水泥、弹性水泥等 19 类外加剂系列产品、18 套固井水泥浆及前置液体系，形成了深井固井技术、天然气井固井技术、酸性气藏固井技术、漏失井固井技术、盐膏层固井技术、水平井固井技术和储气库固井技术等复杂油气固井技术。

该技术在中国石油的海外油气作业区域和国内 26 个油田的油气勘探开发项目中得到成功应用。水泥浆最低密度达 0.9g/cm³，最高密度达 3.2g/cm³；适用的最高温度达 240℃，最低温度达 4℃；一次封固段最长达到 5155m，封固段上下最大温差超过 100℃以上。

泡沫水泥施工工艺流程示意图

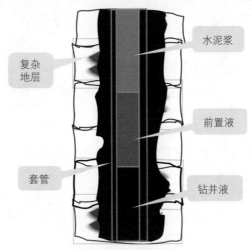

水泥浆

复杂
地层

前置液

套管

钻井液

注水泥在环空中的浆柱结构

复杂油气井固井技术获得国家授权专利 10 项、国家及省部级科技进步奖 26 项、国家级及省部级重点新产品 13 项；形成技术标准 30 余项，通过了 API Q1 质量管理体系认证。

专利列表：

序号	专利名称	专利类型	专利号／申请号
1	油井注水泥用隔离液	发明	200610089273.3
2	一种油井水泥缓凝剂	发明	200710120344.6
3	一种油气田固井水泥浆专用改性丁苯胶乳的合成方法	发明	200810167189.8
4	一种油井水泥降失水剂	发明	200810226689.4
5	一种油井水泥高温缓凝剂	发明	200910086737.9
6	一种适用于大温差固井水泥浆体系	发明	201010620812.8
7	一种油井水泥缓凝剂及其制备方法	发明	201010214915.4
8	一种油井水泥中温缓凝剂	发明	201010251853.4
9	可耐 CO_2 腐蚀的固井用水泥	发明	201110297635.9
10	水泥浆堵漏模拟试验装置	实用新型	ZL200520119105.5

（其宣传册和宣传片详见中国石油网站）

专家团队：屈建省、刘硕琼、高永会 等

联系人：邹建龙

E-mail：Zoujl@cnpc.com.cn

电话：022-66315612

3.14 钻进式井壁取心器

技术依托单位：中国石油测井有限公司装备与销售分公司。

技术内涵：2个系统模块，5项特色装备，2件专利，4项技术秘密。

技术框架：

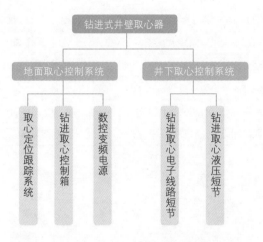

钻进式井壁取心器施工简便，成本低，取心收获率高，所取岩心规则，可直观地进行岩性、含油性观察，成为获取岩心的重要方法之一。钻进式井壁取心器采用液压传动技术，推动空心钻头垂直井壁钻进获取岩心，并把岩心样本按取心层位推入储心筒内，岩心样本随工具取出，完成取心。

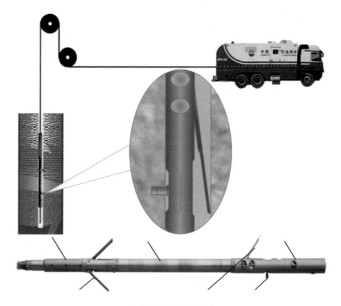

井下取心控制系统

钻进式井壁取心器适应于石油、天然气、煤田等地质勘探领域的井壁钻取岩心作业。

中国石油研发制造多种型号的钻进式井壁取心器系列产品，适用于全井段各种地层、特别是硬地层的井壁取心，是一种兼具钻井取心和爆炸撞击式井壁取心优点的新型取心方式，形成了 2 项专利技术。2012 年荣获中国石油天然气集团科技成果三等奖，并入选中国石油天然气集团公司 2012 年度自主创新重要产品目录。

专利列表及技术秘密：

序号	专利（技术秘密）名称	专利号／申请号
1	钻进式井壁取心电控溢流调速装置	ZL201320023243.8
2	钻进式井壁取心三臂推靠系统	ZL201320023571.8
3	专利取心过程自动化控制技术	
4	钻头前进速度地面调节技术	

续表

序号	专利（技术秘密）名称	专利号／申请号
5	岩心收集加隔片技术	
6	深井取心工艺	

（其宣传册和宣传片详见中国石油网站）

专家团队：陆大卫、孙宝佃、杜环虹 等

联系人：任晓荣

E-mail：renxr@cnpc.com.cn

电话：029-68676045

3.15 BH–WEI 钻井液

技术依托单位：中国石油渤海钻探工程公司泥浆技术服务分公司。

技术内涵：4 项特色技术。

技术框架：

"BH–WEI 钻井液"主要是针对不同地区高温、高压、膏泥盐地层、水平井储层以及环境敏感地区的特殊复杂地层井、复杂结构井、深井、超深井的钻井施工，可实现钻井液、完井液一体化，可回收重复利用，综合成本低，保护油层、保护环境，实现安全、科学钻井。

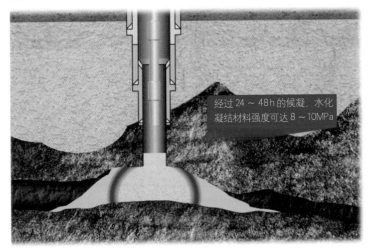

BH–CFS 溶洞漏失堵漏

根据 BH-WEI 钻井液性能特点，并针对不同技术服务需求设计形成了 BH-WEI "三高"钻井液技术、BH-WEI 大位移钻井液技术、BH-WEI 无固相钻井液技术、BH-CFS（BH-Cave Formation Sealing Technology）溶洞漏失堵漏技术。该技术广泛应用于新疆塔里木油田、大港油田、冀东油田等国内市场，以及印尼、伊拉克、委内瑞拉等国际市场。

中国石油在钻井液及钻井液添加剂研发方面获得多项资质认证，形成了一批行业及专业技术规范，拥有自主知识产权，获专利6项。

（其宣传册和宣传片详见中国石油网站）
专家团队：罗平亚、黄达全、张民立 等
联系人：田增艳
E-mail：tianzengyan@cnpc.com.cn
电话：022-25979227

3.16 GW-LWD 随钻测井系统

技术依托单位：中国石油长城钻探工程公司钻井技术服务分公司。

技术内涵：4 个技术系列，9 项特色技术，1 件发明专利，7 件实用新型专利。

技术框架：

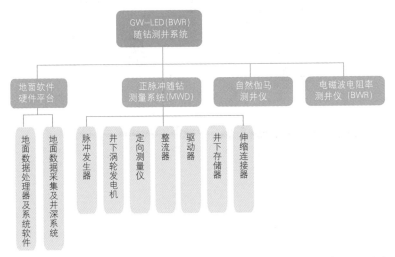

随钻测井系统（LWD）集随钻信息测量、传输于一体，通过在钻井过程中对井下地质参数与工程参数进行实时监测，为随时调整钻进方向、保持油层高钻遇率提供依据。GW-LWD 广泛应用于水平井、大位移井等复杂结构井的地质导向和地层评价，大幅度提高钻井成功率、单井产量及采收率，大大降低油田开发与生产成本，实现油田的高效开发。

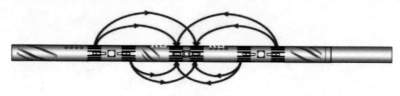

仪器天线结构

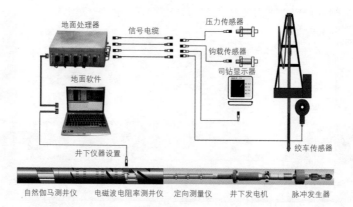

GW- 随钻测井系统 (BWR) 组成

GW- 随钻测井系统（BWR），英文全称 Great Wall - Logging While Drilling (Broadband Wave Resistivity)，具有 ϕ120、ϕ172 和 ϕ203 三种尺寸型号。系统能在 150℃、140MPa 的高温高压环境下工作，实时测量 3 个工程参数（井斜、方位、工具面）和 3 个地质参数（地层深、浅电阻率，地层自然伽马）。GW-LWD 是自主设计和制造的首套随钻电磁波电阻率测井仪器，拥有自主知识产权，达到国际同类仪器先进水平。

专利列表：

序号	专利名称	专利号／申请号
1	一种随钻测井工具无磁耐磨套	ZL200810228215.3
2	开槽内六角螺杆钉帽螺栓	ZL200820218607.7
3	水平井液压泵送软对接电缆输送器	ZL200420113588.3

续表

序号	专利名称	专利号／申请号
4	一种随钻测量仪器用的内外六角螺栓	ZL200820218606.2
5	一种随钻测量仪器自锁螺栓	ZL200820218605.8
6	一种小井眼无线随钻测量仪器的配套工具	ZL201120495387.4
7	一种脉冲发生器充油机	ZL201320266670.9
8	一种雷达射频接头维修工具	ZL201320263119.9

（其宣传册和宣传片详见中国石油网站）

专家团队：李永和、王学俭、白锐 等

联系人：董智伟

E—mail：riickard@126.com

电话：0427—3250200

3.17　德玛综合录井仪

技术依托单位：中国石油渤海钻探工程公司。

技术内涵：5 个模块，16 件专利。

技术框架：

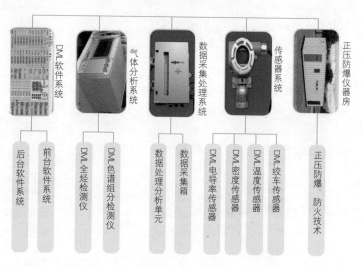

德玛综合录井仪主要由正压防爆仪器房、传感器、数据采集处理、气体分析和 DML 软件组成，是石油自主研发的具有国际先进水平的综合录井系统，可实时、准确地监测和记录钻井过程中的相关数据，为优化钻井参数、预测和分析工程事故、提高钻井效率、降低作业成本、发现和保护油气层提供了有力的保障，是钻井作业过程中必不可缺的综合监测工具。

德玛综合录井仪主控室

德玛综合录井仪集快速色谱技术、实时数据远程传输技术、现场地质分析仪器联合应用技术等诸多先进技术于一体，成为现场综合信息解释评价中心。形成了 16 项专利技术，取得了 DNV (Det Norske Veritas，挪威船级社) 正压防爆认可证书，并通过了 API(American Petroleum Institute，美国石油学会) 系统认证。

气测录井图

德玛综合录井仪适用于陆地、沙漠和海上钻井平台等危险区域的油气勘探开发现场，广泛服务于国内各大油田及巴西、伊朗、印尼、委内瑞拉等十多个国家和地区。

专利列表（部分）：

序号	专利名称	专利号 / 申请号
1	传感器连接装置	200720173653.5
2	石油工程钻井液泵冲无线传感装置	200820079322.X
3	石油工程钻井液池体积无线传感装置	200820079321.5
4	石油工程录井钻井大钩负荷无线传感装置	200820079318.3
5	石油工程钻井液电导率无线传感装置	200820079317.9
6	石油工程钻台绞车转数无线传感装置	200820079314.5
7	石油工程钻井可燃气体无线传感装置	200820079315.X
8	石油工程钻井液立、套管压力无线传感装置	200820079316.4
9	石油工程钻井液流量无线传感装置	200820079323.4
10	石油工程钻井硫化氢无线传感装置	200820079324.9
11	石油工程钻井液密度无线传感装置	200820079325.3
12	石油工程录井钻井液温度无线传感装置	200820079326.8
13	气体钻井气体过滤装置	200820079327.2

（其宣传册和宣传片详见中国石油网站）

专家团队：陶青龙、吴志超、甄建 等

联系人：刘永泉

E-mail：liuyongquan@cnpc.com.cn

电话：022-25923766

3.18 GW-MLE 综合录井仪

技术依托单位：中国石油长城钻探工程公司录井公司技术装备部。

技术内涵：2 个系统，15 项特色系统模块，1 件发明专利，4 件实用新型专利，7 项软件著作权。

技术框架：

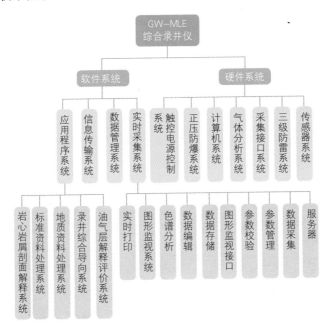

综合录井仪是石油钻井过程中用来连续录取所钻地层的油、气显示、钻井数据、钻井液性能等参数，用以识别油层、气层、水层并进行地层评价，提供监测钻井施工、检测地层压力、优化钻井、科学钻井。

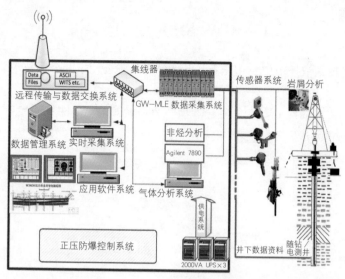

GW-MLE 综合录井仪的构图

GW-MLE（Great Wall-Mud Logging Equipment）综合录井仪拥有的快速色谱分析技术、适合多种复杂环境的防爆宽频宽压电源系统、防雷技术等诸多先进技术，以及 PM3.0 数据采集系统、录井综合导向系统、油气层综合解释评价系统、录井资料处理系统等特色软件系统，是钻探现场的信息中心，在石油勘探、开发中发挥着重要作用。

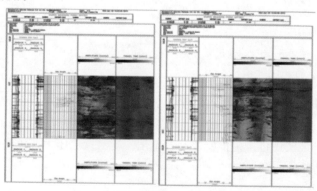

解释成果图

专利列表：

序号	专利名称	专利类型	专利号／申请号
1	一种地质录井解释方法	发明	ZL200710158655.1
2	钻井井场信息显示器	实用新型	ZL200620089297.4
3	岩屑定量取样装置	实用新型	ZL200720016939.2
4	一种无线视频采集传输集成电缆	实用新型	ZL200720016935.4
5	气体钻井井场样气过滤器	实用新型	ZL200920013370.3

软件著作权列表：

序号	知识产权名称	授权日期	编号
1	LH2003 版地质资料处理系统	20040311	2004SR02168
2	水平井综合录井地质导向分析系统	20060705	2006SR08679
3	地质录井岩心岩屑剖面智能解释系统	20040311	2004SR02166
4	QSY128—2005 标准资料处理系统	20070403	2007SR04804
5	录井油气层综合解释评价系统	20100114	2010SR002264
6	PM 数据采集系统 V2.0	20100329	2010SR014061
7	气相色谱与综合录井接口协议软件 V1.0	20100329	2010SR014060

（其宣传册和宣传片详见中国石油网站）

专家团队：王悦田、田文武、王东生 等

联系人：孙海钢

E—mail：shaig.gwdc@cnpc.com.cn

电话：0427—7853490

3.19　连续管作业机

技术依托单位：中国石油钻井工程技术研究院江汉机械所。
技术内涵：5 个关键装置，7 件专利。
技术框架：

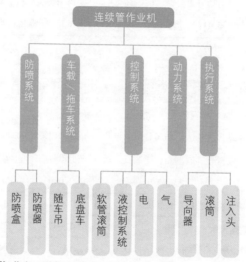

连续管作业机通常由执行系统机构（注入头、滚筒、导向器）、动力系统、控制系统（气、电、液控制系统和软管滚筒）、车载 / 拖车系统（底盘车、随车吊）、防喷系统（防喷器和防喷盒）等组成。

连续油管作业机可将长达数千米的连续无接头钢管（直径 9 ~ 88.9mm）下入油气井的生产油管内完成特定的修井作业、压裂酸化作业、过套管测井作业，或者直接进行钻井作业，以及从井中起出的连续油管并直接卷绕在卷筒上，以便搬运。

连续油管作业机无论从作业操作还是从采油生产上看，都优于常规螺纹连接油管，如节省起下油管时间，消除上卸单根的繁重劳动，可以连续向井下循环修井液、定量定点实施井下修井液的置换和充填，减少油层伤害和作业安全等。连续油管作业机经济实用且作业效率高，可用于钻井、完井、测井、采油、修井和集输等作业的各个领域，并已在大港、辽河等油田得到成功应用。

连续管作业机

专利列表：

序号	专利名称	专利号 / 申请号
1	连续管导入装置	201110108451.3
2	有增摩涂层的连续管注入头夹持块制备方法	201010535928.1
3	小直径管井下注剂注气装置悬挂器	200610112523.0

续表

序号	专利名称	专利号/申请号
4	夹持块	201220389721.2
5	链条张紧装置	201220388877.9
6	一种连续管注入头驱动装置	201220296936.X
7	一种连续管注入头用可快速更换夹持块的固定结构	201220307558.0
8	油田连续管用下沉式滚筒固定半挂车	201220338219.9
9	连续管作业机多通道软管收放滚筒	201220364782.3
10	一种多通道旋转接头	201220242273.3
11	连续管注入头	201220383918.5
12	一种连续管作业机滚筒排管转换装置及其控制系统	201220515905.9
13	有增摩涂层的连续管注入头夹持块	201020597215.3
14	一种油管防喷盒	201020518022.4
15	一种连续管作业机集成控制装置	200620158536.7
16	连续油管防喷盒	200620119131.2
17	小直径连续管井下注剂注气装置注入	200620119183.X

（其宣传册和宣传片详见中国石油网站）

专家团队：苏义脑、钟树德、马家骥 等

联系人：张洪川

E-mail：zhanghchuan@cnpc.com.cn

电话：0716-8120825

3.20 山地地震勘探技术

技术依托单位：中国石油川庆钻探工程公司。

技术内涵：4 个技术系列，20 项特色技术，9 件专利，24 项技术秘密，10 项软件著作权。

技术框架：

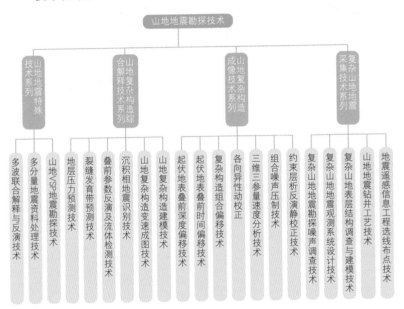

围绕山地地震地表复杂，沟壑纵横，地腹构造复杂多变，勘探目标呈现出"低孔渗、深度大、隐蔽"等特点。中国石油成功研发了复杂山地地震采集、山地复杂构造成像、山地复杂构造综合解释、山地地震特殊技术四大特色技术系列21项特色技术。以GeoMountain® 为标识的采集工程师、处理工程师、解释工程师三套软件系统，能够针对复杂山地地震勘探面临的各种问题，提供地震采集、处理、解释一体化的解决方案。

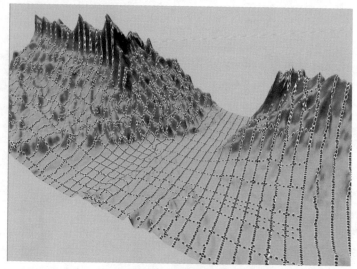

复杂地表三维地震勘探部署

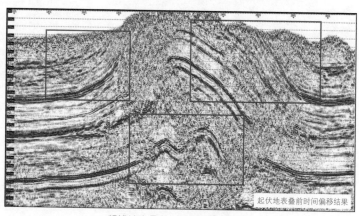

起伏地表叠前时间偏移成像效果

　　中国石油以其领先的山地地震勘探技术，先后在四川、新疆、塔里木等中国六大盆地，以及许多国外石油公司提供了优质服务，发现了一大批潜伏构造、圈闭以及大中型油气田，为山地复杂油气藏的储量探明提供了重要技术支撑。

专利列表：

序号	专利名称	专利号 / 申请号
1	井下检波器串推靠装置	ZL200420033011.1
2	井下检波器串	ZL200420033012.6
3	横波震源撞击装置	ZL200520035443.0
4	石油地震钻机防尘装置	ZL200520034878.3
5	螺旋钻孔器	ZL200530029815.4
6	自行式地震钻机安全防护器	ZL200620033966.6
7	一种井下检波器串式微测井的方法	ZL200410021916.1
8	带推靠装置的微VSP井下检波器	ZL200620133927.3
9	一种沙漠吸沙钻孔工具	ZL200820062275.8

（其宣传册和宣传片详见中国石油网站）

专家团队：李亚林、李志荣、文中平　等

联系人：邓雁

E-mail：Dengyan_sc@cnpc.com.cn

联系电话：028-85608206

3.21　CQ–GeoMonitor® 微地震监测系统

技术依托单位：中国石油川庆钻探工程公司物探分公司。
技术内涵：3 个技术系列，7 项特色技术，10 件专利。
技术框架：

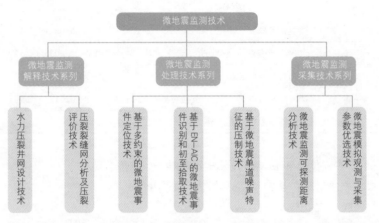

　　微地震监测技术是可靠性高的一种压裂裂缝监测技术，能够实时监测压裂裂缝的空间展布，被国内外广泛应用。

　　中国石油长期致力于微地震监测技术的研发，成功研发出了 CQ–GeoMonitor® 微地震监测软件系统，为微地震压裂监测、微地震水驱监测和微地震气驱监测等提供了一体化解决方案，是非常规油气勘探、开发、开采的重要技术利器。

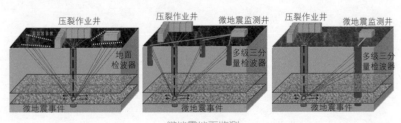

微地震地面监测

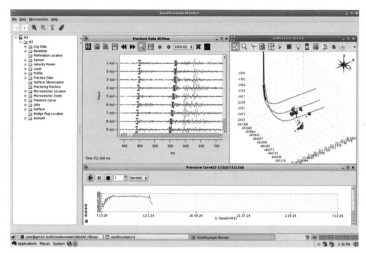

实时监测界面

CQ-GeoMonitor® 微地震监测软件系统覆盖了世界通用的微地震地面、浅井、深井监测技术，既能满足密集井网区压裂微地震监测的施工需求，又能满足无监测井微地震压裂监测的需求，更能适应不同勘探开发阶段微地震监测面临的各种地质条件。

该系统推动了中国石油在水力压裂监测和其他油气田生产监测的发展，提高了其在工程技术服务领域的核心竞争力。

专利列表：

序号	专利名称	专利类型	专利号 / 申请号	状态
1	相对震级类比反演方法	发明	201210424232.0	受理
2	基于大斜度井的微地震监测定位方法	发明	201310330211.7	受理
3	基于四维聚焦的地面微地震定位方法	发明	201210423976.0	受理
4	波包叠加微地震地面定位方法	发明	201310330555.8	受理
5	一种基于射孔约束的 EnKF 微地震事件定位反演方法	发明	201210313570.7	受理
6	基于扫描面正演的伪三维快速微地震正演方法	发明	201210307813.6	受理

续表

序号	专利名称	专利类型	专利号 / 申请号	状态
7	基于数据库技术的同型波时差定位方法	发明	201110356935.X	受理
8	基于数据库技术的纵横波时差定位方法	发明	201110356780.X	受理
9	基于方位角约束的微地震事件定位方法	发明	201210301342.8	受理
10	用于检测微地震的检波器的推靠装置	实用新型	ZL201220633272.1	授权

（其宣传册和宣传片详见中国石油网站）

专家团队：李亚林、巫芙蓉、何光明 等

联系人：邓雁

E—mail：Dengyan_sc@cnpc.com.cn

联系电话：028-85608206

3.22 GeoEast—Lightning 叠前深度偏移处理系统

技术依托单位：中国石油集团东方地球物理勘探有限责任公司。

技术内涵：3 个技术系列，8 项特色技术，3 件专利，3 件软件著作权。

技术框架：

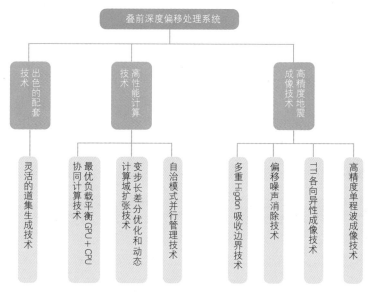

GeoEast—Lightning 软件是基于逆时偏移方法的高精度高性能成像系统，具有复杂地表下的各向同性 / 各向异性成像能力；能实现宽频带地震数据的高分辨率成像；具有 CPU/GPU 高效协同计算能力，没有负载的短板效应，可以在不同性能集群同时运行，并发挥所有计算节点最大计算能力等优点，被称为"闪电"。该软件具有界面友好、操作灵活、运行稳定等特点，已经成功应用于东部潜山、复杂断块，西部复杂山地、逆掩推覆体等多种复杂构造的成像，是解决复杂构造成像的一大利器。

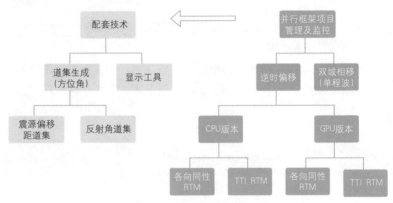

GeoEast—Lightning 系统功能图

逆时偏移 (Reverse Time Migration，简称 RTM) 方法完全遵守双程波波动方程，不存在倾角限制，可适应于速度场的剧烈变化，不仅可以对一次波成像，还可以对回折波、棱柱波和多次波成像。与目前常用的克希霍夫（Kirchhoff）积分偏移和单程波偏移相比，逆时偏移成像效果更好，成像信噪比更高，断层和盐下成像更清晰。

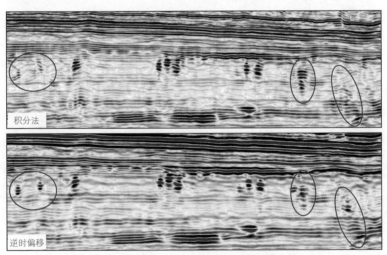

塔北哈拉哈塘哈 6 井区的叠前深度偏移结果对比

专利及软件著作权列表：

序号	专利（软件著作权）名称	类别	专利号／授权号
1	一种三维 TTI 地震各向异性介质逆时偏移成像方法及装置	中国发明专利	201310531155.3
2	一种应用 CPU—GPU 平台进行地震波逆时偏移成像方法	中国发明专利	201310545969.2
3	一种适用于逆时偏移的吸收边界条件方法	中国发明专利	201310293637.X
4	GeoEast—Lightning 叠前深度偏移软件 V1.0	软件著作权	2011SR004322
5	GeoEast—Lightning 叠前深度偏移软件 V2.0	软件著作权	2012SR060899
6	GeoEast—Lightning 叠前深度偏移软件 V3.0	软件著作权	2012SR101312

（其宣传册和宣传片详见中国石油网站）

专家团队：戴南浔、赵波、章威 等

联系人：白雪莲

E—mail：Baixl1@cnpc.com.cn

电话：0312—3737215

3.23 GeoEast−Tomo 三维叠前层析速度反演系统

技术依托单位：中国石油集团东方地球物理勘探有限责任公司。

技术内涵：3 个技术系列，12 项特色技术。

技术框架：

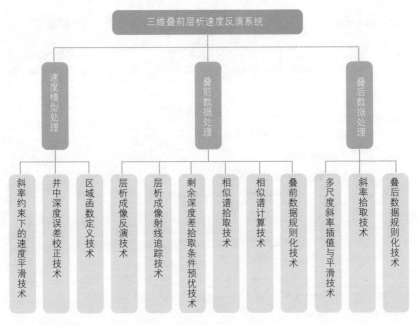

GeoEast−Tomo 软件是利用层析反演技术优化速度模型的多功能深度域速度建模系统。该系统基于 GeoEast 平台开发，具有人工干预少、迭代速度快、质控方便等特点，包括斜率拾取、相似谱计算和拾取、层析成像射线追踪以及层析成像反演等功能，以及相应的辅助管理和质控手段。

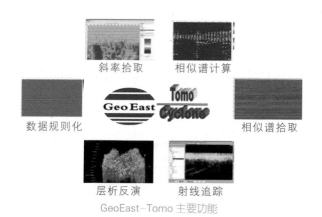

斜率拾取　　相似谱计算

数据规则化　　相似谱拾取

层析反演　　射线追踪

GeoEast-Tomo 主要功能

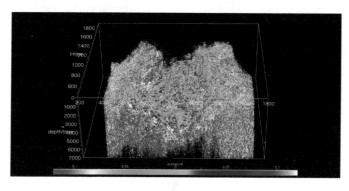

反演后曲率体监控技术

　　叠前深度偏移是实现地质构造空间归位的一项处理技术，而速度模型建立的正确与否及其精度的高低直接影响着偏移成像的效果。

（其宣传册和宣传片详见中国石油网站）
专家团队：戴南浔、张旭东、耿伟峰 等
联系人：白雪莲
E-mail：Baixl1@cnpc.com.cn
电话：0312-3737215

3.24　GeoEast-MC 多波地震资料处理系统

技术依托单位：中国石油集团东方地球物理勘探有限责任公司。
技术内涵：7 项特色技术，10 件专利。
技术框架：

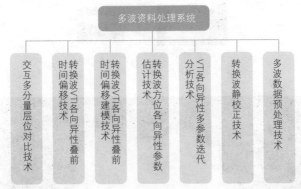

多波地震勘探能够改善构造和储层成像、识别岩性和流体、检测裂缝并直接预测油气，近年来已经成为复杂油气藏和非常规油气藏勘探的重要手段。

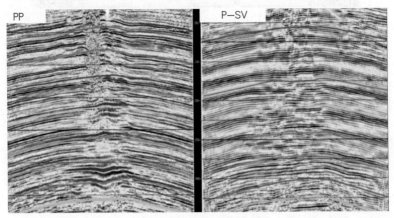

纵波和转换波剖面交互拾取层位

GeoEast-MC 多波地震资料处理系统，继承了 GeoEast 一体化系统所具有的多种信息共享、可视化交互、处理解释一体化协同工作等优点，软件界面友好、操作简洁、运行稳定，整体技术达到了国际先进水平，在转换波静校正、成像参数估计与建场、转换波方位各向异性处理以及 VTI 各向异性叠前时间偏移方面处于国际领先水平，是国内第一套具备大规模实际生产能力的多波资料处理软件系统，填补了国内多波资料处理软件的空白。

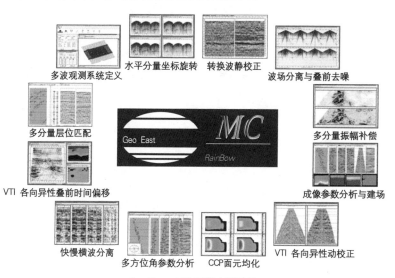

多波观测系统定义　水平分量坐标旋转　转换波静校正　波场分离与叠前去噪

多分量层位匹配　　多分量振幅补偿

VTI 各向异性叠前时间偏移　成像参数分析与建场

快慢横波分离　多方位角参数分析　CCP面元均化　VTI 各向异性动校正

GeoEast-MC 系统主要功能

（其宣传册和宣传片详见中国石油网站）

专家团队：钱忠平、李向阳、候爱源 等

联系人：白雪莲

E-mail：Baixl1@cnpc.com.cn

电话：0312-3737215

3.25 GeoEast-RE 油藏地球物理综合评价系统

技术依托单位：中国石油集团东方地球物理勘探有限责任公司。

技术内涵：4 个技术系列，11 项特色技术，6 件专利，5 件软件著作权。

技术框架：

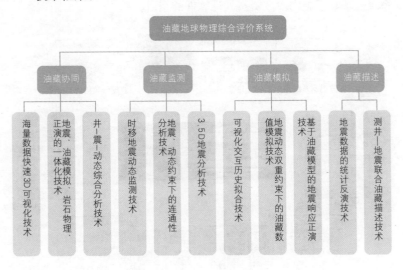

GeoEast-RE 油藏地球物理综合评价系统，针对复杂油藏问题，融合地震信息、岩石物理信息、测井信息、VSP 信息、沉积信息、反演信息、非地震信息和油藏开发信息的多学科信息，可进行油藏描述、油藏监测、油藏模拟，并进行多学科的协同工作，为确定剩余油分布，提高采收率提供了重要的工具和技术支撑，为地震延伸到油藏开发提供了有效手段。

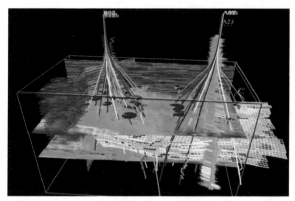

多学科数据三维协同显示图

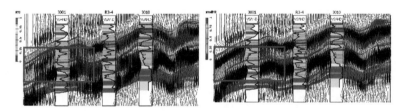

油藏模型修改前后合成地震与实测地震的对比图

专利及软件著作权列表：

序号	专利（软件著作权）名称	类别	专利号 / 授权号
1	一种地震和测井时深关系自动转换的方法	中国发明专利	201210250721.9
2	一种对地震和测井数据波形极值特征点分离与波形重构方法	中国发明专利	201210366105.X
3	一种井震信息联合确定储层沉积特征和分布的方法	中国发明专利	201210584609.9
4	一种确定稠油热采蒸汽驱形态的方法	中国发明专利	201210286322.8
5	一种利用井温监测资料识别夹层的方法	中国发明专利	201210405098.X
6	用于振幅随炮检距变化道集分析的油藏模型优化方法	中国发明专利	201410142188.3
7	GeoEastRE-RI 油藏地球物理协同分析软件 V1.0	软件著作权	2013SR062650

续表

序号	专利（软件著作权）名称	类别	专利号/授权号
8	GeoEastRE-RD 油藏描述软件 V1.0	软件著作权	2013SR062567
9	GeoEastRE-RM 油藏监测数据分析软件 V1.0	软件著作权	2013SR061468
10	GeoEastRE-RS 油藏数值模拟综合分析软件 V1.0	软件著作权	2013SR062654
11	GeoEast-RE 油藏地球物理软件 V1.0	软件著作权	2013SR061462

（其宣传册和宣传片详见中国石油网站）

专家团队：凌云、黄旭日、郭向宇 等

联系人：贺维胜

E-mail：heweisheng@cnpc.com.cn

电话：0312-3737151

3.26 GeoSeisQC 地震野外采集质量监控系统

技术依托单位：中国石油勘探开发研究院西北分院地物所。

技术内涵：8 个技术系列，25 项特色技术，3 件专利，9 项软件著作权。

技术框架：

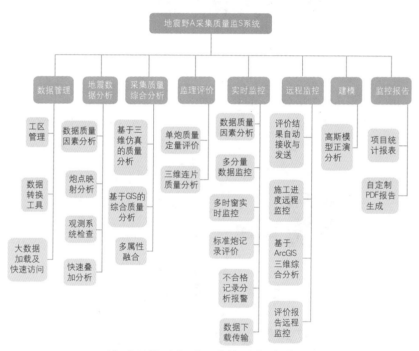

GeoSeisQC 地震野外采集质量监控系统针对野外采集质量监控长期凭经验定性分析的问题，提供了由现场实时监控、室内综合分析及基于网络的地震质量评价组成的全面野外采集质量监控智能分析系统。为实现野外地震记录分析评价的规范化、定量化、提高地震野外采集质量，建立统一的地震勘探资料采集质量评价规范提供了高效的软件工具。

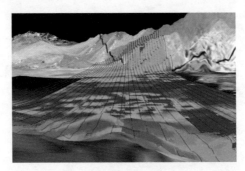

炮能量三维仿真

　　GeoSeisQC 以野外施工资料、地震采集数据为基础，提供地震记录实时炮质量分析、辅助数据分析、地理信息评价、三维仿真、地震记录品质定量分析、地震资料自动监理评价、综合分析、网络远程监控等核心功能，为用户提供现场、室内、远程相结合的全面分析评价地震资料采集质量的技术手段。

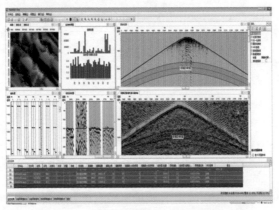

现场实时监控

　　GeoSeisQC 地震野外采集质量监控系统功能以野外施工资料、地震采集数据为基础，提供地震记录实时炮质量分析、辅助数据分析、地理信息评价、三维仿真、地震记录品质定量分析、地震资料自动监理评价、综合分析、网络远程监控等核心功能，实现了不同用户层对野外采集质量监控的数据管理、资料质量分析、施工质量监控、定量评价、成果汇报等方面的需求。

专利及软件著作权列表：

序号	专利（软件著作权）名称	类别	专利号／授权号
1	地震资料采集质量监控软件系统 V1.0	软件著作权	
2	地震资料采集质量监控软件系统 V2.0	软件著作权	
3	地震采集质量监控实时分析与评价系统 V1.0	软件著作权	
4	地震勘探数据管理系统 V1.0	软件著作权	
5	野外地震采集现场处理系统 V1.0	软件著作权	
6	野外地震采集表层模型正演系统 V1.0	软件著作权	
7	真地表三维仿真地震采集质量分析系统 V1.0	软件著作权	
8	地理信息系统地震采集质量评价系统 V1.0	软件著作权	
9	地震野外采集质量监控与评价系统 V1.0	软件著作权	
10	基于地理信息系统（GIS）的地震采集质量综合分析评价方法	国家专利	ZL201010553707.7
11	基于三维真地表仿真的地震资料野外采集质量监控技术	国家专利	ZL201010588367.1
12	基于炮点叠加映射的地震采集质量分析技术	国家专利	ZL201010548313.2

（其宣传册和宣传片详见中国石油网站）

专家团队：王西文、雍学善、杨午阳 等

联系人：周春雷

E-mail：zhouchunlei@petrochina.com.cn

电话：0931-8686098

3.27 GeoFrac 地震综合裂缝预测系统

技术依托单位：中国石油勘探开发研究院西北分院地物所。

技术内涵：8 个技术系列，28 项特色技术，7 件专利，10 项软件著作权。

技术框架：

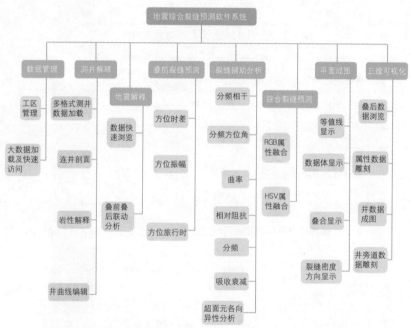

地震综合裂缝预测系统 GeoFrac 以各向异性理论为基础，采用当前先进的面向服务软件架构设计、迭代式软件开发模型、软件重构等技术研发，集成了井震联合交互裂缝分析、各向异性叠前裂缝预测、叠前/叠后综合裂缝预测、三维可视化多尺度裂缝雕刻等特色技术，包括数据管理、叠前属性分析、综合裂缝预测、三维可视化等 8 个子系统，目的是解决储层裂缝预测的难题，为油气勘探开发增储上产提供有效的技术手段。

综合裂缝预测

三维裂缝密度与方向检测结果

　　地震综合裂缝预测系统 GeoFrac 实现了地质、测井、地震信息综合分析，叠前、叠后地震资料裂缝走向与密度预测；充分体现叠前约束叠后、测井约束地震、地质约束地球物理的技术特色，具有数据管理效率高、性能稳定、叠前叠后分析相互结合、预测精度高等特点；实现了叠前数据单点方位特征分析、地震数据三维叠前方位属性提取、叠前叠后数据交互联动分析、多尺度裂缝综合预测等特色功能，为复杂裂缝储层预测提供了综合一体化解决方案。

专利及软件著作权列表：

序号	专利（软件著作权）名称	类别	专利号／授权号
1	GeoFrac 地震综合裂缝预测软件系统	软件著作权	
2	GeoSeisQC 地震资料采集质量分析与评价系统	软件著作权	
3	CRIS V3.0 地震综合反演及油气检测系统	软件著作权	
4	CCFY 储层综合反演软件	软件著作权	
5	HARI 储层综合反演软件	软件著作权	
6	SEIMPAR 储层综合反演软件	软件著作权	
7	DHAF 油气检测软件	软件著作权	
8	MODPRO 成像处理软件包	软件著作权	
9	Paramig 叠前深度偏移软件	软件著作权	
10	MDIS 和 MTIS 静校正软件	软件著作权	
11	裂缝预测方法和装置	国家专利	201010205983.4)
12	纵波裂缝预测及剥层技术	国家专利	201010567725.0
13	一种非零炮检距地震信号能量校准装置及系统	国家专利	201020273840.2
14	一种井控获取地震薄储层速度的方法及装置	国家专利	201010594743.8
15	横向变速小尺度体反射系数公式应用方法	国家专利	201110314489.6
16	多层裂缝预测方法和装置	国家专利	201010172047.8
17	一基于地震信号检测天然气藏的方法及设备	国家专利	20111014370.3

（其宣传册和宣传片详见中国石油网站）

专家团队：王西文、雍学善、杨午阳 等

联系人：周春雷

E－mail：zhouchunlei@petrochina.com.cn

电话：0931－8686098

3.28 ES109 大型地震仪

技术依托单位：中国石油集团东方地球物理勘探有限责任公司。

技术内涵：5 项特色技术，11 件专利，16 项技术秘密，11 项软件著作权。

技术框架：

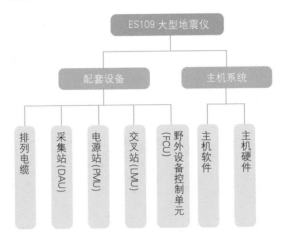

围绕高效高精度高分辨率实施精细勘探，识别油气藏，保障第一手资料获取的质与量，中国石油自主研制了大型地震采集记录系统——ES109 大型地震仪。该套仪器具有万道以上的采集能力和先进的网络遥测技术，不仅能满足目前常规地震数据采集的需要，同时能够支持高密度、大道数地震采集的要求，是煤炭、石油和天然气勘探开发理想的地球物理勘探装备。各项技术产品性能指标达到了国际同类产品的先进水平。

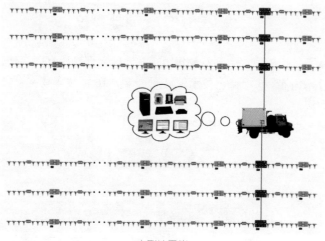

大型地震仪

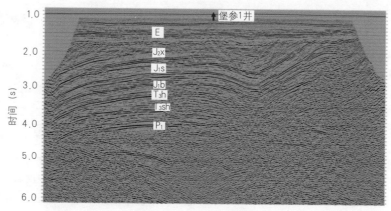

T09-691 二维现场剖面

中国石油拥有一批优秀的专业技术人才，并配套成熟的物探工具与设备，可提供全套优质的物探技术服务和完整解决方案。

专利及软件著作权列表（部分）：

序号	专利（软件著作权）名称
1	一种多设备级连的数据传输性能测试方法
2	一种多功能地震压电检波器测试仪
3	一种地震数据长距离传输方法及系统
4	一种地震数据并行存储系统
5	一种交叉站地址分配系统
6	一种大范围地震数据采集的同步方法
7	一种不同主机之间的数据传输系统
8	交叉站大线接口通信系统
9	基于以太网的高速地震数据传输控制系统
10	一种分布式地震仪数据层次采集系统
11	一种分布式地震数据采集多协议传输方法
12	一种地震检波器批量快速测试方法
13	超大道数地震数据采集系统
14	一种地震勘探相关 / 叠加数据处理方法
15	一种交叉线时钟同步控制器
16	一种防电磁干扰的传感器结构（新加）
17	一种适用于数字遥爆系统基于 2PSK 的高质量同步传输方法

（其宣传册和宣传片详见中国石油网站）

专家团队：钱荣钧、姜耕、陈联青 等

联系人：罗兰兵

E-mail：luo.lanbing@inovageo.com

联系电话：0312-3737923

3.29　G3i 地震仪

技术依托单位：中国石油集团东方地球物理勘探有限责任公司。
技术内涵：2 个技术系列，10 项特色技术，16 件专利。
技术框架：

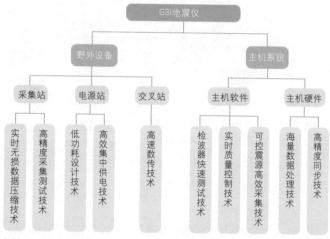

　　G3i（Generation 3 innovation）地震仪是一套用于陆地石油勘探的有线地震仪，具有实时道能力强、功耗低、稳定性高等特点。G3i 地震仪是中国石油充分利用多年的技术创新和丰富的野外作业经验，结合目前石油勘探发展需求和勘探技术发展方向自主研发的新一代地震数据采集系统。

野外施工现场

G3i 地震仪带道能力可达 10 万道以上，不仅能满足常规地震数据采集的需要，而且支持大道数和高密度地震数据采集。与国际同类仪器相比，G3i 地震仪器在带道能力、单道功耗、传输速度、质量监控等方面具有优势，整体性能达到国际先进水平，能完成高精度、宽频带、全方位地震勘探任务。

中国石油的 G3i 地震仪在国内外都有应用，以期寻找油气田开发的最优化方法。

专利列表：

序号	专利（标准）名称	专利类型	专利号 / 申请号
1	G3i 地震数据采集系统检测项目及技术指标	企业标准	Q/SY BGP. K2852–2013
2	通过光纤的时钟同步	中国发明专利	201210318928.5
3	多对配电	中国发明专利	201210318494.9
4	电源模块中的模拟	中国发明专利	201210318927.0
5	供连接器使用的螺纹锁定特征	中国发明专利	201210318982.X
6	供连接器使用的密封特征	中国发明专利	201210318866.8
7	Seismic Frequency Sweep Enhancement	美国发明专利	US 61/535, 767
8	Method of Seismic Source Synchronization	美国发明专利	US 61/596, 729
9	Method of Seismic Source Independent Operation	美国发明专利	US 61/596, 660
10	Method of Seismic Vibratory Limits Control at Low Frequencies	美国发明专利	US 61/596, 676
11	Method of Seismic Source Synchronization	美国发明专利	US 61/535, 770
12	Clock Synchronization Over Fiber	美国发明专利	US 61/590, 662
13	Multi–Pair Power Distribution	美国发明专利	US 61/590, 670

续表

序号	专利（标准）名称	专利类型	专利号/申请号
14	High Precision Time Synchronization for a Cabled Network in Linear Topology	美国发明专利	US 61/590，712
15	Analog in Power Supply Module	美国发明专利	US 61/590，681
16	Thread Locking Feature for Use with Connectors	美国发明专利	US 61/590，641
17	Sealing Feature For Use With Connectors	美国发明专利	US 61/590，630

（其宣传册和宣传片详见中国石油网站）

专家团队：Glenn Hauer、Tim Hladik、Brian Klatzel 等

联系人：罗兰兵

E-mail：luo.lanbing@inovageo.com

联系电话：0312-3737923

3.30　DRMTS 煤层气远距离穿针技术

技术依托单位：中国石油钻井工程技术研究院煤层气所。
技术内涵：2 个技术系列，8 项特色技术，6 件专利。
技术框架：

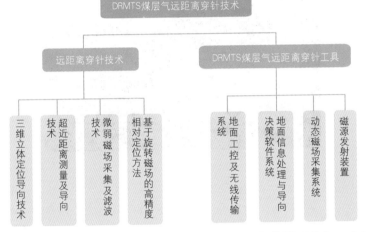

煤层气与煤炭伴生，俗称"瓦斯"，属于非常规天然气，主要成分是甲烷。作为一种高效、洁净能源，煤层气蕴涵着巨大的经济效益，但煤储层普遍低压、低渗透、低含水，严重制约了煤层气的高效开发。水平井开发方式中的远距离穿针技术是实现低渗煤层气最有效开发的关键核心技术。

DRMTS 煤层气远距离穿针技术集近钻头随钻邻井位置测量、传输、磁导向决策与控制于一体，具备"测、传、导"的功能。通过对钻头和目标井底相对角度和距离的测量，井下与地面的双向信息传输和地面控制决策，引导煤层气水平井与排采直井精确连通，为水平井建立排采通道。

工具系统结构图

DRMTS 煤层气远距离穿针工具,拥有发明专利 4 项,实用新型专利 2 项,制订企业标准 1 项。该工具有效测距达到 80m,磁信号分辨率 0.1nT,可实现 1m 左右的近距离测量,能够进行三维立体导向连通,具备"点对点"精确导向能力,可完成直接连通直井玻璃钢套管的作业。

DRMTS 煤层气远距离穿针工具在山西郑庄、柿庄和陕西彬县、柳林等区块完成了近 30 井次现场穿针技术服务,成功率达 100%,并成功实施了"点对点"精确连通作业。

专利列表:

序号	专利名称	专利类型	专利号 / 申请号
1	一种用于煤层气水平井确定井下钻头与目标靶点相对位置的定位方法	发明	201010585308.9
2	远距离穿针工具的地面测试方法及测试装置	发明	201110446707.1
3	一种磁通门传感器信号处理电路	发明	201210165746.9

续表

序号	专利名称	专利类型	专利号/申请号
4	一种水平井旋转磁场定位中的滤波方法及装置	发明	201210159636.1
5	一种用于煤层气水平井穿针的旋转磁源短节	实用新型	201020672954.4
6	远距离穿针工具的地面测试小车	实用新型	201120557141.5

（其宣传册和宣传片详见中国石油网站）

专家团队：苏义脑、邹来方、申瑞臣 等

联系人：袁光杰

E—mail：*ygjdri@cnpc.com.cn*

电话：010—80162278

3.31 DREMWD 煤层气钻井地质导向系统

技术依托单位：中国石油钻井工程技术研究院井下控制所。

技术内涵：2 个技术系列，9 项特色技术，25 件专利，16 项技术秘密。

技术框架：

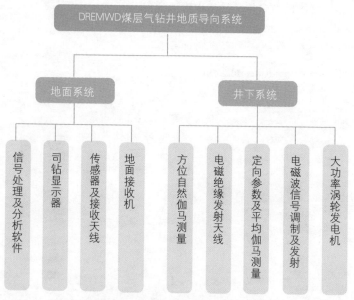

煤层气钻井需要高效、低成本的随钻测量仪器和地质导向工具，以满足煤层气规模化开发。

煤层气钻井电磁传输通道地质导向系统（简称 DREMWD 系统），具有应用介质范围广、信号传输速率快、现场应用故障率低等优势，以及井眼轨迹和地质参数实时测量功能，保证实际井眼穿过煤层并取得最佳位置，可最大限度地提高钻遇率，是煤层气钻井地质导向利器。

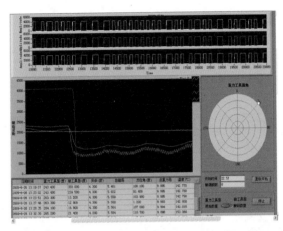

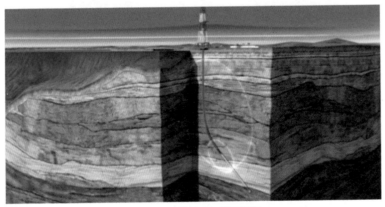

地面系统信号处理与显示界面

　　DREMWD 系统由井下和地面两大部分组成。具有随钻测量和实时传输两大功能，可随钻测量井斜角、方位角、工具面角等工程参数和方位及平均自然伽马地质参数，数据传输速率为 3.5～11bit/s，无接力传输井深不低于 2500m。具有两大技术优势，一是采用井下大功率 (600W) 发电机技术、低频自适应信号发射器和独特数据调制与检测技术，无接力传输深度能力强和数据上传速高；二是采用自然伽马动态随钻测量技术，可实现滑动钻进和旋转钻进实时方位测量，实时判断煤层界面。

DREMWD 系统已产业化，形成了 6.75in、4.75in 和 3.5in 三种规格产品系列，在山西郑庄区块、陕西韩南区块等煤层气生产井推广应用，取得了良好效果。

专利及技术秘密列表：

序号	技术秘密（专利）名称	认定号及专利号
企业技术秘密		
1	井下绝缘电偶极子发射天线设计与制作技术	DRJSMM2011001
2	适用于多种钻井循环介质的井下大功率发电机 (600W) 技术	DRJSMM2011002
3	井下低频信号发射技术	DRJSMM2011003
4	适于地层电阻变化自适应调节电路	DRJSMM2011004
5	地面微弱信号接收技术	DRJSMM2011005
6	井下旋转动态方位自然伽马随钻测量技术	DRJSMM2011006
7	绝缘偶极子绝缘耐磨层的制作工艺技术	DRJSMM2011007
8	地面接收机弱信号滤波和放大、DSP 数字滤波电路	DRJSMM2011008
9	发电机滤波稳压和转换控制电路	DRJSMM2011009
10	电磁发射导杆结构	DRJSMM2011010
11	传感器接口与信号调制电路	DRJSMM2011011
12	气体和液体驱动涡轮设计方法	DRJSMM2011012
13	地面弱信号功率谱解调技术	DRJSMM2011013
14	发电机磁力耦合技术设计与制作技术	DRJSMM2011014
15	地面电流场接收天线	DRJSMM2011015
16	井下电源系统电能分配及控制技术	DRJSMM2011016
国家发明专利		
1	一种井下信息传输的编码及解码方法	ZL2008101146344
2	一种井下信息自适应传输方法和系统	ZL2008101148176
3	一种近钻头地质导向探测系统	ZL200810114633X
4	一种井下发电装置	ZL2008101146325

续表

序号	技术秘密（专利）名称	认定号及专利号
	国家实用新型专利	
1	一种井下无线电磁发射装置	ZL2008201085079
2	随钻绝缘偶极子无线发射天线	ZL2008201086461
3	一种用于随钻测量的高速传输发射装置	ZL2010202985823
4	用于电磁随钻测量工具的计算系统	ZL2012205056974
5	用于电磁波随钻测量系统中的绝缘短节	ZL2012205601311
6	井下测量信息传输系统	ZL2012206174573
7	一种井下随钻用交流发电机组	ZL200820108505X
8	用于井下发电机组的液体驱动涡轮	ZL2008201080840
9	一种用于气体钻井的涡轮发电机	ZL2010202980618
10	一种井下涡轮发电机系统	ZL2012201043602
11	一种井下发电机组	ZL2012203609643
12	钻井仪器用井下发电机	ZL2012202680275
13	一种井下发电机组	ZL2012203613827
14	一种用于随钻测量的电连通装置	ZL2011204767391
15	一种井下随钻仪器短节的直插结构	ZL2012200602021
16	一种用于随钻测量的发射线圈及其磁芯	ZL2008201085115
17	一种井下随钻无线电磁信号发射装置	ZL2008201085149
18	用于随钻测量的电流场接收天线装置	ZL2008201085064
19	一种地面信号下传系统	ZL2008201085134
20	一种用于电磁波随钻测量的地面信号接收仪	ZL2010202985700
21	一种井下双向数据传输系统	ZL2012202770943

（其宣传册和宣传片详见中国石油网站）

专家团队：苏义脑、盛利民、李林 等

联系人：窦修荣

E-mail：douxiurongdri@cnpc.com.cn

电话：010-80162201

3.32　LEAP800 测井系统

技术依托单位：中国石油长城钻探工程公司测井技术研究院。

技术内涵：2 个技术系列，33 种特色装备，82 件专利，6 项软件著作权。

技术框架：

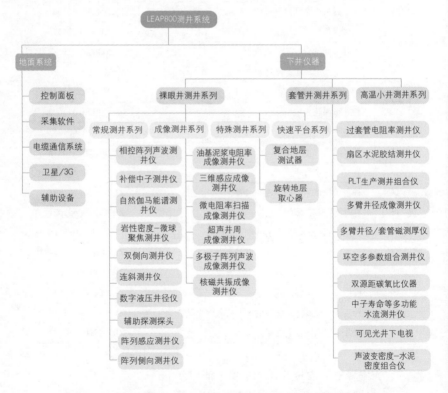

　　LEAP800 测井系统应用现代网络通信和电子技术，可提供全套常规测井、成像测井、生产测井、工程测井及射孔取心等油田技术服务。系统具有井下仪器组合短、测井速度快、节省钻井时间、支持测井现场远程操控等特点，多项技术指标处于世界领先水平。

LEAP800 测井系统网络示意图

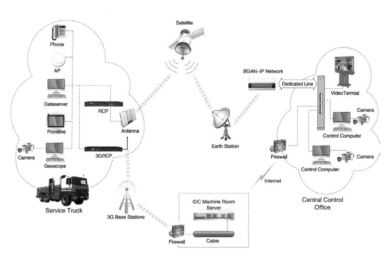

LEAP800 测井系统卫星 / 移动通信远程操控示意图

LEAP800 测井系统由地面系统与下井仪器两部分组成。系统性能卓越，优势特色突出：系统高度模块化、网络化，具有先进的网络管理模式，实现了仪器任意组合、故障网络诊断、软件远程升级等功能；电缆传输速率达 1Mbps，处于国际领先水平；LEAP800 测井系统采集软件基于 .Net 框架，结构统一、兼容性强大，支持所有的测井服务项目，利用对象—关系映射技术，数据格式间可灵活转换；其配套解释处理软件 CIFLog–GeoMatrix，能跨三大主流操作系统运行，可在统一平台上优质快速集成高端测井处理解释方法，实现了处理解释软件的海内外一体化。

专利及软件著作权列表（部分）：

序号	专利（软件著作权）名称	类别	专利号 / 授权号
1	使用离散多音频调制方式的测井遥传系统	发明	ZL200710001109.7
2	井下电源供电和信号传输系统	发明	ZL200810009664.9
3	声波探测装置	发明	ZL200910085550.7
4	声波探测装置	发明	ZL200910085549.4
5	一种过套管电阻率仪器皮囊密封装置	实用新型	ZL200820231617.4
6	一种过套管电阻率仪器推靠皮囊	实用新型	ZL200820231616.X
7	石油测井车及其地面系统机柜	实用新型	ZL201120030359.5
8	石油测井车及其集成通信接口单元	实用新型	ZL201120030363.1
9	石油测井车及其使用的 LED 光系统	实用新型	ZL201120030361.2
10	石油测井车及其中舱梯	实用新型	ZL201120030362.7
11	一种新型的测井车及其空调系统	实用新型	ZL201120030366.5
12	一种新型的测井车中控舱	实用新型	ZL201120030367.X
13	一种用于车辆的控制台	实用新型	ZL201120030358.0
14	一种新型的用于测井车空调的风道系统	实用新型	ZL201120030357.6
15	测井系统程控电源的控制箱及具有该控制箱的电源箱	实用新型	ZL201120070603.0
16	用于测井系统的远程故障诊断系统和远程监控系统	实用新型	ZL201120067291.8

续表

序号	专利（软件著作权）名称	类别	专利号／授权号
17	井下仪器缆头电压测量系统	实用新型	ZL201120059588.X
18	通信回波消除装置	实用新型	ZL201120044017.9
19	一种改进的测井远程数据传输系统	实用新型	ZL201120053655.7
20	一种测井井下仪器总线系统	实用新型	ZL201120210505.2
21	井下仪器总线系统	实用新型	ZL201120210548.0
22	测井系统	实用新型	ZL201120184234.8
23	井下仪器缆头电压直接测量装置	实用新型	ZL201120113644.3
24	基于 Flexray 总线的测井总线系统	实用新型	ZL201120241902.6
25	测井通信系统	实用新型	ZL201120289083.2
26	缆芯切换装置	实用新型	ZL201120312818.9
27	在声波幅度测井中矫正声波环境压力的设备	实用新型	ZL201120335253.6
28	用于在声波幅度测井中矫正声波发射电压的设备	实用新型	ZL201120339302.3
29	滑环式自然电位测量电极	实用新型	ZL201120373367.X
30	框架式双姿态感应测井仪器刻度装置	实用新型	ZL201120373728.0
31	可加工陶瓷精密管状线圈绝缘体	实用新型	ZL201120369439.3
32	电磁隔离承压连接器	实用新型	ZL201120374166.1
33	电磁隔离常压连接器	实用新型	ZL201120374224.0
34	一种测井仪的刻度装置	实用新型	ZL201220075418.5
35	一种三维阵列感应刻度装置	实用新型	ZL201220075390.5
36	在声波测井中消除直达波干扰的系统及声波测井仪	实用新型	ZL201220119048.0
37	在声波测井中消除直达波干扰的系统及声波测井仪 2	实用新型	ZL201220208110.3
38	一种用于外壳高压测试的装置	实用新型	ZL201220303851.X

序号	专利（软件著作权）名称	类别	专利号/授权号
39	三轴正交线圈系及板状绝缘体	实用新型	ZL201220353703.9
40	感应测井平行平面线圈及感应测井设备	实用新型	ZL201220353655.3
41	用于超高压测试的装置	实用新型	ZL201220448592.X
42	用于变压器单元的固定结构和变压器组件	实用新型	ZL201220444027.6
43	用于变压器短节的固定结构和变压器短节	实用新型	ZL201220443217.6
44	一种感应测井仪器及其泥浆电阻率测量的承压接头	实用新型	ZL201220423651.8
45	用于感应测井仪刻度场地内的周转车	实用新型	ZL201220376686.0
46	一种电路骨架	实用新型	ZL201220390302.0
47	一种用于抽屉式电子设备机柜的线缆托架	实用新型	ZL201220522002.3
48	用于感应式测井仪器探头短节的芯轴组件	实用新型	ZL201220499884.6
49	一种用于测井仪接头座的屏蔽组件	实用新型	ZL201220516471.4
50	二次换热无感热风循环烘箱	实用新型	ZL201220531164.3
51	一种放射性测井仪探头减震结构	实用新型	ZL201220592766.X
52	用于把电路板安装到振动台的装置	实用新型	ZL201220611145.1
53	电源模块测试工装	实用新型	ZL201220611435.6
54	用于激光打标的工作台	实用新型	ZL201220611484.X
55	一种电子元器件测试设备	实用新型	ZL201220611254.3
56	一种用于批量电子元器件测试的测试板	实用新型	ZL201220611742.4
57	至少检测三维阵列感应测井仪径向线圈平面度的平台	实用新型	ZL201320200239.4
58	至少检测三维阵列感应测井仪轴向线圈同心度的平台	实用新型	ZL201320200276.5
59	至少检测三维阵列感应测井仪径向线圈中心直线度的平台	实用新型	zl201320200194.0
60	至少检测阵列感应测井仪探头短节整体直线度的平台	实用新型	ZL201320200110.3
61	至少检测三维阵列感应测井仪轴向线圈圆柱度的平台	实用新型	ZL201320200072.1

序号	专利（软件著作权）名称	类别	专利号／授权号
62	感应测井仪器的发射信号合成装置及感应测井装置	实用新型	201320586775.2
63	机械结构改进的适用于高温高压小井眼油气井探测的测井仪	实用新型	201320550302.7
64	用于螺纹连接件的拆装工具	实用新型	201320536083.7
65	用于多臂推靠器的便携式井径刻度器	实用新型	201420014701.6
66	过套管电阻率电极探头	实用新型	ZL201220303838.4
67	过套管电阻率的推靠电极装置及其能量补偿式液压缸	实用新型	ZL201220745343.7
68	过套管电阻率测井仪液压自动密封接头	实用新型	ZL201220599621.2
69	LEAP800 测井数据采集软件	软件著作权	2011SR003212
70	WellScope CGM 矢量图形浏览器软件	软件著作权	2013SR006984
71	WellScope CGM 虚拟打印驱动软件	软件著作权	2013SR013405
72	WellScope CGM 矢量图形生成器软件	软件著作权	2013SR006670
73	THCR 过套管电阻率采集软件	软件著作权	2011SR104233

（其宣传册和宣传片详见中国石油网站）

专家团队：陈文、马正江、梁小兵 等

联系人：马正江

E—mail：mazhengjiang@cnlc.cn

电话：010—80169395

3.33 新一代测井软件平台 CIFLog

技术依托单位：中国石油勘探开发研究院测井遥感所。

技术内涵：3 个体系结构，5 件专利。

技术框架：

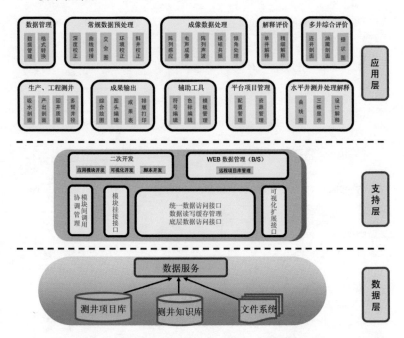

CIFLog 测井软件平台跨 Windows、Linux 和 Unix 三大操作系统运行，完全集成全系列裸眼测井与套后测井处理解释评价方法，形成了单井解释、火山岩解释、碳酸盐岩解释、低电阻率碎屑岩解释、水淹层解释、生产测井解释和国产重大装备配套处理解释七大应用系统，是国家油气重大专项首先确立研发的十大关键装备之一。

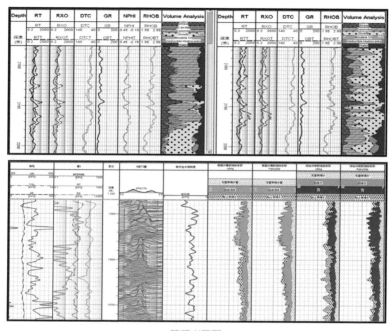

解释成果图

CIFLog 测井软件平台自发布以来，多次获得国家级、省部级和局级科技奖励，获得多项软件著作权，申请专利多项。

专利列表：

序号	专利名称	专利号 / 申请号
1	一种测井曲线数据的检索方法及装置	201010506077.8
2	裂缝储层含油气饱和度定量计算方法	200910087474.3
3	一种三维空间火山岩岩性识别方法	200910238565.2
4	一种基于电成像测井的储层有效性识别方法	201010134720.9
5	一种岩溶风化壳白云岩有效储层的识别装置	201110277410.7

获得奖项：

2011 年度中国石油天然气集团公司科学技术进步一等奖；

2011 年度国家能源科技进步一等奖；

2013 年度中国石油自主创新重要产品。

（其宣传册和宣传片详见中国石油网站）

专家团队：李宁、周灿灿、王才志 等

联系人：李伟忠

E-mail：liweizhong001@petrochina.com.cn

电话：010-83595327

3.34　BH-ARI 远探测声波反射波成像测井技术

技术依托单位：中国石油渤海钻探测井公司。

技术内涵：3 个技术系列，17 项特色技术，9 件专利。

技术框架：

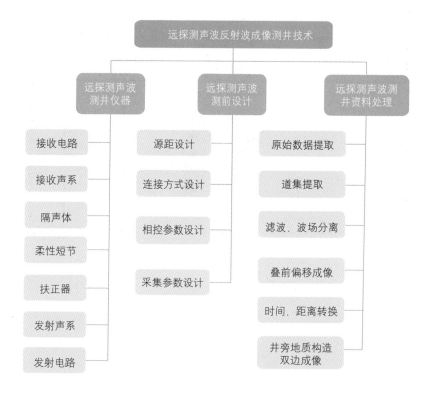

BH-ARI 远探测声波反射波成像测井技术是为弥补测井探测深度较浅与地震勘探分辨率较低的缺陷，历经十年研发的、具有完全自主知识产权的全新测井技术。远探测声波反射波成像测井是集方法仪器、资料处理、软件研发、解释评价综合研究为一体的新型测井地质评价技术，能够探测距井周 10m 范围内裂缝型、孔洞型储层的地层信息，大大突破了其他测井仪器探测范围不能超过 3m 的局限，为复杂油气储层精细描述提供新的高精度识别手段。

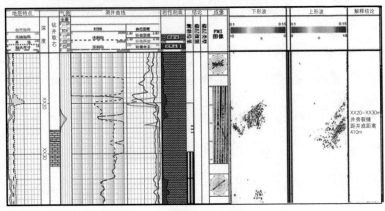

解释成果图

BH-ARI 远探测声波反射波成像测井技术累计在塔里木、中石化西北分公司、大庆、四川、华北、大港等油田测井 70 余口。

专利列表：

序号	专利名称	专利类型	专利号／申请号
1	反射波成像测井仪器及测井方法	发明	02131410.1
2	传递相控阵声波换能器激励信号的装置	发明	200510056763.9
3	向井外地层中扫描辐射二维声场的方法	发明	200510058891.7
4	声波测井相控阵激励的幅度加权电路	发明	200610098676.4
5	一种双相声波发射装置的控制方法	发明	2007101191192.8

序号	专利名称	专利类型	专利号／申请号
6	反射波成像测井仪器	实用新型	02257275.9
7	探头连接装置	实用新型	200620176006.5
8	声波测井仪器声系连接装置	实用新型	200620176005.0
9	源距可调节的声波测井声系	实用新型	ZL201320044239.X

（其宣传册和宣传片详见中国石油网站）

专家团队：柴细元、乔文孝、陶果 等

联系人：王志勇

E—mail：wzyong@cnpc.com.cn

电话：022—25963743

3.35　复杂岩性储层测井评价技术

技术依托单位：中国石油长城钻探工程公司。

技术内涵：3 个技术系列，14 项特色技术，6 件专利。

技术框架：

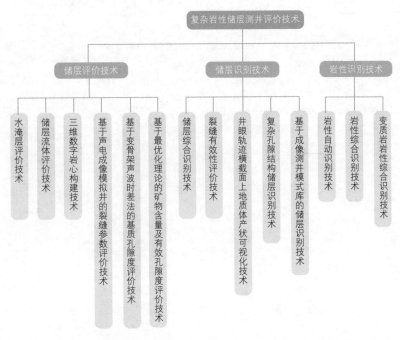

　　复杂岩性油气藏包括变质岩油气藏、碳酸盐岩油气藏和火成岩油气藏。碳酸盐岩油气储量接近全球油气储量的一半，产量则占60%。美国、委内瑞拉、巴西、日本、阿根廷、利比亚、古巴、印度和其他一些国家在火成岩中都获得工业油流。变质岩的各种原生和次生裂缝可作为油气储存空间而形成良好的储层，例如辽河坳陷太古代变质岩裂缝型油气藏。

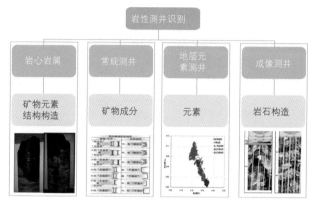

岩性测井识别

由于复杂岩性的组成、结构及其各种勘探条件的复杂性，其岩性难以识别，储层难以发现，地质参数难以计算，使得复杂岩性储层评价成为目前油气勘探的难点。

GW-CLE 技术包括岩性识别、储层识别、储层评价三大技术系统，全面评价复杂岩性储层，准确评价井下地层和介质性状，及时、准确地发现和评价油气储层，解决复杂岩性储层勘探开发过程中的地质和工程问题，可加快油气勘探开发进程。该技术在国内渤海湾盆地、塔里木盆地、四川盆地、鄂尔多斯盆地，以及中东、中亚和南美等变质岩、碳酸盐岩、火成岩油气区块广泛应用。

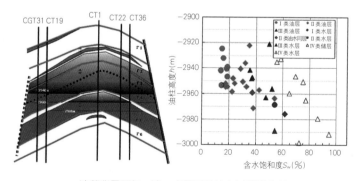

油藏背景下气—油—水界面及油水过渡带分析

专利列表：

序号	专利名称	专利号／申请号
1	井筒斯通利波的慢度测量方法	201210493582.2
2	地层各向异性的评价方法	201210493762.0
3	一种基于超声成像测井的裂缝定量评价方法	201210125518.9
4	一种确定地层中多种矿物组分含量的方法	201210125507.0
5	一种计算井筒中地层产状的测井数据处理方法	200510076818.2
6	一种电成像测井图全井壁复原方法	200510075171.1

（其宣传册和宣传片详见中国石油网站）

专家团队：陆大卫、李宁、汪浩 等

联系人：金鑫

E－mail：jinxin.z@hotmail.com

电话：0427－7815508

3.36 复杂油气藏射孔技术

技术依托单位：中国石油川庆钻探工程公司。

技术内涵：4个技术系列，12项特色技术和配套产品，9件专利。

技术框架：

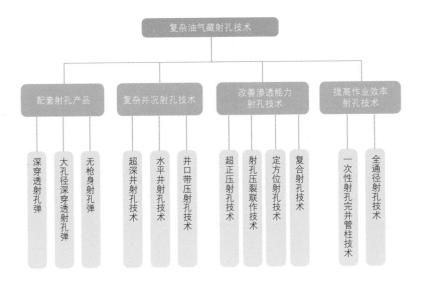

针对各种复杂油气藏和复杂井况，中国石油研发了多种型号的深穿透大孔径射孔产品，开发了复杂井况下的、改善渗流能力和提高作业效率的射孔技术。复杂油气藏射孔技术可以大幅度提高射孔作业效益和油气层渗流能力，最大限度地提高油气藏开采效率。

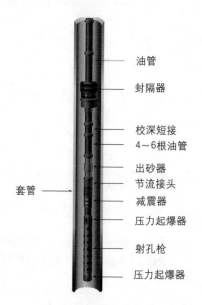

油管

封隔器

校深短接
4~6根油管

出砂器
节流接头
减震器
压力起爆器

射孔枪

压力起爆器

套管

采用下移式出砂器的联作管柱

中国石油建立了从射孔弹生产、射孔器材设计与制造、射孔工艺技术研究到射孔服务作业的专业化机构，拥有国际先进的射孔弹制造设备和技术，可以提供各种型号的射孔弹和射孔器材，以及针对各种复杂井况的射孔技术服务。

射孔施工服务和器材销售于印度、泰国、伊朗、哈萨克斯坦、土库曼斯坦、苏丹、澳大利亚以及东南亚等国家和地区。

定位短油管

定位短油管

筛管 射孔枪 起爆装置 扶正器 枪尾

水平井射孔

专利列表：

序号	专利名称	专利号/申请号
1	一种超深穿透射孔弹	97205620.3
2	油气井用双管式全通径射孔枪	200620112030.2
3	一种新型的油气井用压力起爆自动丢枪装置	00244888.2
4	一种新型的油气井用动态负压射孔装置	200720078210.8
5	高温高压实验室用射孔模拟靶装置	200920080040.6
6	油气井用电缆的加重装置	200620112029.X

（其宣传册和宣传片详见中国石油网站）

专家团队：陈锋、刘方玉、潘永新 等

联系人：唐凯

E-mail：tangkai_sc@cnpc.com.cn

联系电话：023-67352060

3.37 BH-MPP 多级脉冲射孔技术

技术依托单位：中国石油渤海钻探测井公司。
技术内涵：4 个技术系列，19 项特色技术，5 件专利。
技术框架：

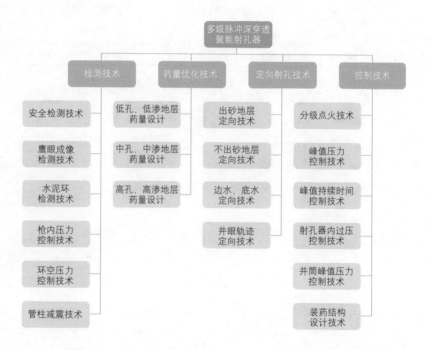

BH-MPP 多级脉冲深穿透聚能射孔器是在为提高中—低孔、中—低渗油气储层采收率，设计开发集超穿深透射孔、压裂于一体的全新射孔技术，该技术区别于其他射孔方法，利用多级压裂火药和射孔弹的合理组合，控制多级火药顺序燃烧，产生 3 个连续脉冲峰值压力动态作用于地层，实现解堵、造缝、延缝、扩缝的目的，能够大幅改善近井带地层渗流条件，提高油井产能。

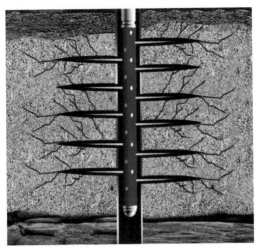

BH-MPP 多级脉冲深穿透聚能射孔器

178 型射孔器　　127 型射孔器　　102 型射孔器

　　BH-MPP 多级脉冲深穿透聚能射孔器先后在塔里木、长庆、冀东、大港等陆上油田，渤海、湛江等海上油田应用 200 余井次。

　　专利列表：

序号	专利名称	专利类型	专利号／申请号
1	油管传输多级射孔负压装置	发明	00123755.1
2	多级脉冲射孔峰值压力控制阀	发明	200620148043.5

续表

序号	专利名称	专利类型	专利号／申请号
3	多级脉冲式深穿透射孔器	发明	200420047523.3
4	双盲孔多级脉冲射孔枪	发明	201020685609.4
5	带泄压孔堵塞器的射孔枪体	发明	200620148044.X

（其宣传册和宣传片详见中国石油网站）

专家团队：柴细元、张维山、刘庆东　等

联系人：王志勇

E-mail：wzyong@cnpc.com.cn

电话：022-25963743

3.38 SEW 油套管生产技术

技术依托单位：中国石油宝鸡石油钢管有限责任公司。

技术内涵：5 项特色技术，12 件专利。

技术框架：

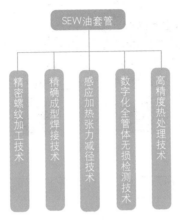

SEW 油套管是高频焊热轧油管和套管的简称（HotStretch-reducing Electric Welding casing and tubing），制造工艺集 HFW 焊管和无缝钢管的各自工艺优点于一体，采用"HFW 焊管技术 + 管材热机械轧制技术"的组合，通过对充分加热（完全奥氏体化）的 HFW 母管进行多道次的连续轧制，再经过后续的热处理和管加工，最终生产出高性能的 SEW 油套管，与无缝油套管相比具有壁厚均匀、韧性好、抗挤毁能力强的优点，可显著降低油井综合开采成本。SEW 油套管技术是目前国际上正在广泛应用的一种先进的油套管制造技术。

宝鸡钢管具有国际先进的 SEW 油套管制造技术，可生产满足 API 标准和非 API 标准的高性能 SEW 油套管，致力于服务国内外油气勘探开发，为客户提供更优质的产品和服务。

成型设备

专利列表：

序号	专利名称	专利类型	专利号／申请号
1	一种基于 API 标准圆螺纹密封套管螺纹连接结构	实用新型	201020641460.X
2	一种具有良好密封性能的石油套管螺纹连接结构	实用新型	201120036268.2
3	一种 P110 钢级直缝焊管的制造方法	发明	201110421067.9
4	一种高抗挤 SEW 石油套管及其制造方法	发明	201110427453.9
5	一种优化 HFW 焊管焊缝组织及性能方法	发明	201110427453.4
6	一种提高 HFW 焊管热轧后强韧性在线控冷方法及装置	发明	201310093389.4
7	一种高性能低碳微合金刚 SEW 膨胀套管及其制造方法	发明	201310093146.0
8	一种耐蚀高抗挤石油套管及其生产方法	发明	201310111616.1
9	一种 80ksi 钢级抗硫化氢应力腐蚀石油套管及其制造方法	发明	201310150513.6
10	一种高强度高韧性石油套管及其制造方法	发明	201310150588.4

续表

序号	专利名称	专利类型	专利号／申请号
11	一种基于圆螺纹的 SEW 油套管用气密性连接接头结构	实用新型	201320220541.6
12	一种用于石油管才全尺寸评价的高温外压装置	发明	201310150586.5

（其宣传册和宣传片详见中国石油网站）

专家团队：李鹤林、丁晓军、雷胜利 等

联系人：薛磊红

E-mail：bsgxlh@cnpc.com.cn

电话：0917-3398152

3.39　天然气发动机技术

技术依托单位：中国石油集团济柴动力总厂。

技术内涵：3个技术系列，8项特色技术，5件专利。

技术框架：

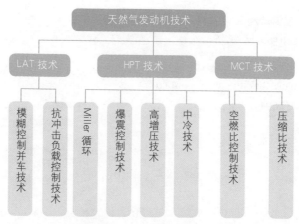

天然气发动机技术
- LAT 技术
  - 模糊控制并车技术
  - 抗冲击负载控制技术
- HPT 技术
  - Miller 循环
  - 爆震控制技术
  - 高增压技术
  - 中冷技术
- MCT 技术
  - 空燃比控制技术
  - 压缩比技术

天然气作为一种高效、洁净、廉价的燃料用于发动机，不仅可以解决燃气储量丰富地区的用电及其他设施的动力问题，相比柴油机还具有降低污染排放物、降低成本的优势。

外混式天然气发动机

内混式天然气发动机

为了提高天然气发动机性能，满足不同使用要求，提高功率、抑制爆震、降低热负荷等，中国石油成功自主开发出了I90和3000/6000等各种系列的天然气发动机及发电机组。LAT技术通过监测发动机运行参数，评价发动机运行状态，调节控制参数，以适应负载变化的发动机控制技术；HPT技术对发动机进气、燃烧及配气系统进行优化设计，在保证高效、低排的同时抑制爆震进而保护发动机的技术；MCT技术根据不同燃料特性的差异，对发动机进行优化设计，使其能够适应多种燃料，同时保证发动机经济性、动力性和排放性的技术。

天然气发动机设计合理、控制系统完善，表现出了良好的经济性、动力性和排放性，广泛应用于海南福山油田、埕北油田、西气东输、尼泊尔天然气发电站等油田和工程项目。

专利列表：

序号	专利名称	专利号/申请号
1	气体发动机空燃比控制系统	201220075616.1
2	一种发动机进气导流装置	201220075625.0

续表

序号	专利名称	专利号/申请号
3	低浓度瓦斯发动机控制系统	200920225480.6
4	气体发动机并车系统	201020663808.5
5	以柴油和天然气为燃料发动机的燃气供给系统	200920246298.9

（其宣传册和宣传片详见中国石油网站）

专家团队：李树生、秦建平、王令金 等

联系人：韩方翠

E—mail：hanfangcui@cnpc.com.cn

电话：0531—87426857

3.40　海底油气管道技术

技术依托单位：中国石油海洋工程有限公司。

技术内涵：6 个技术系列，17 件特色技术。

技术框架：

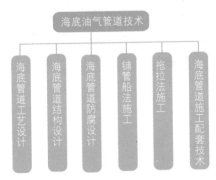

海底管道已成为重要的海洋油气田生产设施，是海洋油气生产系统的"动脉"。自 1954 年铺设第一条海底管道以来，世界各国累计铺设的海底管道总长度已超过十几万千米。

中国石油以"完善滩海、发展浅海、储备深海"的技术发展思路，大力提升海洋工程技术服务能力，在海底油气管道技术方面，形成海底管道工艺设计、结构设计、防腐设计、铺管船法施工、拖拉法施工及海底管道施工配套 6 大技术系列，共计 17 项特色技术。

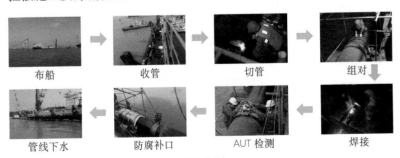

水平口对接

登陆段底拖施工

中国石油具备自主承担 80m 水深以内海底管道的设计和安装能力，成功实施了西气东输二线香港支线、冀东南堡油田及国外油气田等大型海底管道的设计与施工。

中国石油拥有海洋石油工程设计甲级、海洋石油工程承包一级、工程咨询乙级等资质，具有港口经营许可证、压力管道和压力容器等特种设备许可证，是国家高新技术企业。

（其宣传册和宣传片详见中国石油网站）

专家团队：康荣玉、刘杰鸣、郭洪升 等

联系人：李敬

E-mail：Lijing.cpoe@cnpc.com.cn

电话：010-63593455

3.41 导管架平台技术

技术依托单位：中国石油海洋工程有限公司。

技术内涵：4 个技术系列，25 项特色技术。

技术框架：

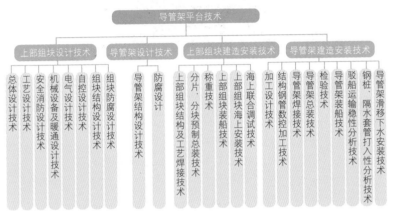

　　导管架平台利用桩将结构固定于海底，包括上部组块、导管架及桩基三部分，具有适应性强、安全可靠的特点，已成为滩浅海油气田开发中最主要的结构形式。

导管架

上部组块

中国石油坚持"完善滩海、发展浅海、储备深海"的技术发展思路，提升海洋工程技术服务能力，在导管架平台技术方面，形成上部组块设计技术、导管架设计技术、上部组块建造安装技术和导管架建造安装技术四大技术系列，共计25项特色技术。该技术广泛应用于渤海湾地区的海上油气田的开发；实现了从滩海到浅水的跨越，具备大型导管架平台EPCI工程总承包能力。

（其宣传册和宣传片详见中国石油网站）

专家团队：康荣玉、刘杰鸣、郭洪升 等

联系人：李敬

E-mail：Lijing.cpoe@cnpc.com.cn

电话：010-63593455

3.42 管道智能检测器

技术依托单位：中国石油管道局工程有限公司。

技术内涵：5 项特色技术，23 件专利。

技术框架：

管道智能漏磁检测器主要用于新建管道的基线检测及在役管道的内外壁腐蚀检测。在不影响管道正常运行的情况下，可对钢制管道上存在的金属损失进行内检测，确定管道内外壁金属损失的大小及位置，以便于管道的风险评估和维护、维修。中国石油拥有6 ~ 48in 各种不同口径的管道智能漏磁检测器。

搭载速度控制系统 ϕ 1016 三轴漏磁腐蚀检测器

对评价数据进行分析并提供维修建议

专利列表：

序号	专利名称	专利类型	专利号 / 申请号
1	管道漏磁检测器电路板结构	发明	ZL200710119096.3
2	管道漏磁检测器机械系统	发明	ZL200710118862.4
3	埋地钢质管道腐蚀检测器探头浮动圈	发明	ZL200710100234.3
4	管道腐蚀检测器探头弹簧	发明	ZL200710100232.4
5	埋地钢质管道腐蚀检测器探头的封装结构及其封装工艺方法	发明	ZL200710100233.9
6	管道漏磁检测器探头电缆连接电路	发明	ZL200710117985.6
7	管道腐蚀检测器探头铰链	实用新型	ZL200620158737.7
8	管道腐蚀检测器探头滑片	实用新型	ZL200620158739.6
9	管道漏磁检测器浮动皮碗机构	实用新型	ZL200620158735.8
10	管道腐蚀检测器探头电缆接头封装结构	实用新型	ZL200620173569.3
11	管道漏磁检测器钢刷	实用新型	ZL200620158743.2
12	管道漏磁腐蚀检测器支承轮	实用新型	ZL200620158736.2

续表

序号	专利名称	专利类型	专利号/申请号
13	管道检测器发送装置	实用新型	ZL200720149475.2
14	管道检测器回收装置	实用新型	ZL200720149474.8
15	皮碗打翻测试装置	实用新型	ZL200720149476.7
16	一种管道测径清管器	实用新型	ZL200820109870.2
17	一种聚氨酯弹性探头臂	实用新型	ZL200820122972.8
18	一种管道变形检测器探头机构	实用新型	ZL200920105973.6
19	一种管道漏磁检测器磁路结构	实用新型	ZL201020597198.3
20	管道压控泄流双向清管器	实用新型	ZL201120119976.2
21	金属管道腐蚀缺陷全数字化三维漏磁信号采集系统	实用新型	ZL201120054104.2
22	基于磁致伸缩效应的管壁轴向裂纹缺陷内检测装置	实用新型	ZL201220386773.4
23	油气管道裂纹检测器的探头机构	实用新型	ZL201220379813.2

（其宣传册和宣传片详见中国石油网站）

专家团队：曹崇珍、李久春、白世武 等

联系人：霍峰

E-mail：tx_huofeng@cnpc.com.cn

电话：13832654994

3.43 高等级管线钢管埋弧焊接技术

技术依托单位：中国石油宝鸡石油钢管有限责任公司。

技术内涵：4 项特色技术，10 件专利。

技术框架：

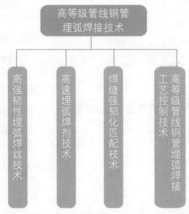

管道输送是石油天然气最经济、最安全的输送方式，高等级、大口径、长距离、高压油气输送已成为国际油气输送技术的发展方向。

高等级管线钢管埋弧焊接技术，适用于 X70 及以上钢级的管线钢管的埋弧焊接，具有焊缝强度高、韧性好、形貌美观、焊接效率高等特点。

中国石油应用该技术生产的高性能埋弧焊管产品超过 500×10^4t，广泛应用于西气东输一线、二线、三线，陕京管线，中缅管线等国家重大管线工程。同时，应用于印度"东气西送"等国外重大油气管道工程，使中国在世界高性能油气管道工程建设方面由追赶者一跃成为领跑者。

焊丝应用现场

专利列表：

序号	专利名称	专利类型	专利号/申请号
1	高焊速高韧性氟碱型烧结焊剂	发明	ZL200510022707.3
2	烧结焊剂生产工艺	发明	ZL200610104968.4
3	管线钢用埋弧焊丝	发明	ZL200610145593.6

序号	专利名称	专利类型	专利号/申请号
4	高等级管线钢用高强度高韧性高焊速埋弧焊丝	发明	ZL200810005040.X
5	管线钢用高强度高韧性高焊速埋弧焊剂	发明	ZL200810017525.0
6	管线钢用高强度埋弧焊丝	发明	ZL201010110747.4
7	高等级管线钢用埋弧焊接材料	发明	ZL200410073353.0
8	高等级管线钢用埋弧焊接材料	发明	ZL200710017201.2
9	X80管线钢用埋弧焊焊剂材料及其制备方法	发明	CN101549445
10	X80管线钢用埋弧焊焊丝材料及其制备方法	发明	CN101049445

（其宣传册和宣传片详见中国石油网站）

专家团队：李鹤林、杨忠文、雷胜利 等

联系人：王璟丽

E-mail：bsgwjl101@cnpc.com.cn

电话：0917-3398453

3.44 X80 钢级管件及自动焊机

技术依托单位：中国石油管道局工程有限公司。

技术内涵：2 个技术产品系列，8 项特色技术，22 件专利。

技术框架：

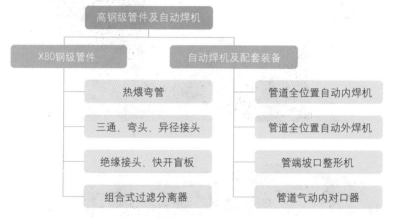

　　X80 钢级管件包括管道元件（热煨弯管、热（冷）压管件、绝缘接头、汇气管、快开盲板）、压力容器（油气管道承压设备、油气地面集输设备、液化天然气储运设备）等产品。可设计、制造压力 100MPa 以下的压力容器及其他油气储运站场承压设备和部件，年产量可达 20000 结构吨以上；可生产碳素钢、合金钢、石油管线钢等各种材料、各种用途的 DN200 ～ 1600mm 的热煨弯管和 DN10 ～ 1600mm 管件，直径 1016mm 以上热煨弯管年产量达到 7500 件，各类管件年产量达 10000t 以上。产品广泛应用于石油开采、石油化工、石油天然气储运、城市燃气、化纤、建材等工业领域。产品遍布全国各地，远销苏丹、利比亚、哈萨克斯坦、尼日尔、乍得、肯尼亚等国家。

整体式绝缘接头

PIW 型管道全位置自动内焊

中国石油根据管道焊接技术特点及管道自身特性，经过多年的技术攻关，先后研制出具有自主知识产权的 PIW 型管道全位置自动内焊机、PAW2000 单焊炬管道全位置自动外焊机、PAW3000 双焊炬管道全位置自动外焊机、PFM 管端坡口整形机、PPC 管道气动内对口器、PPC–GA 大涨力间隙可调式管道气动内对口器等焊接设备及配套设备，并被认定为管道自动焊接技术领域的新产品。自动焊接设备及与之配套的焊接工艺已成功应用于西气东输一线、西气东输二线、陕京三线、印度东气西输、中哈、中亚、中乌、中俄等国内外重大油气管道工程中。

专利列表：

序号	专利名称	专利号 / 申请号
1	快开门装置	ZL 2009 2 0158134.0
2	双相密封圈	ZL 2009 2 0153881.5
3	一种大口径高压整体式管道绝缘接头	ZL 2009 2 0277612.X
4	三通拉拔送盘装置	ZL 2010 2 0242167.6
5	高钢级大口径厚壁三通制造工艺方法	201010214950.6
6	热煨弯管椭圆度控制装置	ZL 2010 2 0242171.2
7	X80 钢级埋弧自动焊管件整体调质处理的工艺方法	201010283153.3
8	快装式管道自动焊轨道	01258930.6
9	铰接式多功能焊接小车	01258927.6
10	管端面坡口整形机	01258928.4
11	管道全位置焊车偏心式自动锁紧行走机构	200320103054.8
12	双焊炬管道全位置自动焊机对称弧摆机构	200320103052.9
13	管道内环缝自动焊机专用焊接单元	03217442.X
14	管道内环缝自动焊机多焊头同步焊接驱动机构	03217441.1
15	管道内环缝自动焊机多焊头同步定位机构	03217443.8
16	内对口器间隙调整器	03206062.9
17	管道内整形对口器	03206063.7
18	带铜垫的管道气动内对口器	200520118135.4
19	大张力管道内对口器	200520113989.3
20	管道环焊缝间隙双活塞调解机构	200520013990.6
21	管道气动内对口器对口间隙可调机构	200820080679.X
22	管道内焊机电缆内绕式旋转机构	200820080678.5

（其宣传册和宣传片详见中国石油网站）

专家团队：李鹤林、高泽涛、薛振奎 等

联系人：霍峰

E—mail：tx_huofeng@cnpc.com.cn

电话：13832654994

3.45 管道助剂技术

技术依托单位：中国石油管道公司（管道销售公司）。

技术内涵：2个技术系列，3项特色技术，2个系列产品，47件专利，4项技术秘密。

技术框架：

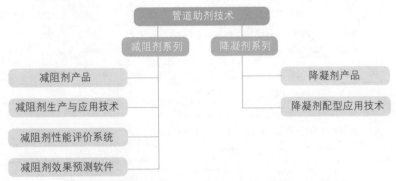

管道助剂技术包括两大技术系列，即减阻剂系列和降凝剂系列。EP系列减阻剂适用于各种高温高寒等恶劣环境，可使原油管道增输15%～35%，成品油管道增输30%～50%。EP与KS系列降凝剂可以显著降低含蜡原油的凝固点和黏度，实现管道常温运行，降低管线的最低起输量和管线运行压力，适用于长输原油管道、油田内原油集输管线及高凝原油生产井。

管道助剂研发生产基地

EP 管道助剂应用现场

中国石油拥有成熟的管道助剂研发和生产技术，具备年产5000m³的生产能力。成熟的降凝剂配型应用技术以及先进的减阻性能预测及评价技术，可以根据用户的需求，提供最适合的降凝剂产品及加剂解决方案。其代表性产品——威普牌 EP 系列减阻剂与降凝剂，能够降低管输压力，降低油品凝固点，改善油品流变性，提高管线输量，满足管道安全高效运行。

管道助剂产品广泛应用于国内外多条原油和成品油管道，以及油田集输管网和海底石油管道；产品远销英国、挪威、伊朗、苏丹、印度尼西亚、阿尔及利亚等国家。

专利列表：

序号	专利名称	专利号／申请号	备注
1	α－烯烃－苯乙烯超高分子量共聚物悬浮分散方法	03109630.1	
2	α－烯烃－苯乙烯超高分子量减阻共聚物及其制备方法	03137610.X	
3	本体聚合防爆聚反应装置	03150258.X	
4	减阻聚合物油基分散方法	200510080245.0	
5	一种油溶性高浓度降凝剂悬浮液及制备方法	200610090684.4	
6	油溶性减阻聚合物及其制备方法	02148773.1	
7	一种油水两相流减阻剂	200710119191.3	
8	含有环氧烷有机高分子的反应型原油流动改性剂	200810223896.4	
9	含有胺有机高分子的反应型原油流动改性剂	200810223897.9	

续表

序号	专利名称	专利号/申请号	备注
10	一种聚烯烃包覆的输油管道减阻聚合物微胶囊粉末制备方法	200710176324.0	
11	一种原油管道减阻剂的电子给予体及其制备方法	200710119100.6	
12	一种输油管道减阻聚合物悬浮液的乳化方法	200810104309.X	
13	含有磺酸有机高分子的反应型原油流动改性剂	200810223898.3	
14	含有异氰酸酯有机高分子的反应型原油流动改性剂	200810223899.8	
15	含有羧酸有机高分子的反应型原油流动改性剂	200810223900.7	
16	一种聚 α-烯烃减阻剂悬浮液制备方法	200810102961.8	
17	一种油酸及其制类衍生物减阻剂及其制备方法	200810117472.X	
18	一种 α-烯烃超高分子量聚合物的制备装置	03249182.4	
19	一种管输油品聚 α-烯烃减阻剂的制备方法	03119743.4	
20	α-烯烃减阻聚合物的乳化物及其制备方法和生产装置	03109631.X	
21	一种 α-烯烃减阻聚合物悬浮液及其制备方法	03109629.8	
22	一种高级 α-烯烃聚合单体精制处理方法和装置	03134882.3	
23	一种制备 α-烯烃超高分子量聚合物的制备方法及装置	03134881.5	
24	一种高级 α-烯烃减阻聚合物粉体的制备装置	200320126704.0	
25	一种高级 α-烯烃减阻聚合物粉体的制备方法及装置	200310117220.4	
26	一种 α-烯烃超高分子量聚合物的后期制备装置	200320121838.3	
27	一种固液非均相混合反应装置	200420066789.2	
28	一种高级 α-烯烃低黏弹性本体聚合物的制备方法	200410029719.4	
29	一种小包装反应的减阻聚合物制备工艺方法	200610090010.4	
30	一种化学反应恒温的装置	200520018867.6	
31	一种化学反应热的测定方法和装置	200510072124.1	
32	一种化学反应热的测定装置	200520018868.0	
33	一种化学反应恒温的方法和装置	200510072125.6	

续表

序号	专利名称	专利号/申请号	备注
34	Oil-based dispersing method of drag reduction polymers	US 7592379 B2	美国
35	油品减阻剂室内测试环道	200710064121.2	
36	油品减阻剂室内测试简易装置	200720103688.1	
37	油品减阻剂室内测试环道	200720103692.8	
38	天然气管道减阻剂性能测试装置	200810240038.0	
39	一种聚 α-烯烃减阻剂的主成分定性分析方法	200810114745.5	
40	一种液态原油降凝剂及其制备方法	00135876.6	
41	一种油溶性高浓度降凝剂悬浮液及制备方法	200610090684.4	
42	一种油品降凝剂悬浮液及其制备方法	200810114746.X	
43	一种原油加剂热处理模拟方法及装置	200510105809.1	
44	一种石油产品凝点的精确测试方法及装置	200610002626.1	
45	石油产品凝点的精确测试装置	200620001861.2	
46	石油产品倾点的精确测试方法及装置	200610002627.6	
47	石油产品倾点的精确测试装置	200620001862.7	

（其宣传册和宣传片详见中国石油网站）

专家团队：李国平、艾慕阳、张秀杰 等

联系人：李国平

E-mail：gpli@petrochina.com.cn

联系电话：0316-2175157

3.46 管道检测与安全预警技术

技术依托单位：中国石油管道局工程有限公司、中国石油管道公司（管道销售公司）。

技术内涵：2个技术系列，7项单项技术／产品，53件专利，108项技术秘密，5项软件著作权。

技术框架：

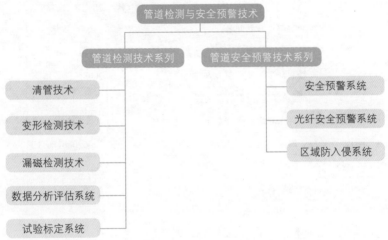

管道安全预警系统采用光电子、激光、光纤传感和模式识别等技术，适用于威胁油气管道安全的破坏事件的安全预警，是一种全新的事前预警技术，已成为保障油气管道安全运行的重要手段。同时提供区域防入侵系统产品，实现重要场所的安全监控和防护。

中国石油能够提供油气管道清管、变形检测、高清晰度漏磁检测服务，能够为用户提供完善的数据分析报告。高清晰度管道漏磁检测器的成功研制填补了国内管道检测技术领域空白。

管道检测与安全预警技术成功应用于兰郑长成品油管道、阿拉山口—独山子原油输送管道、马鞭洲岛—广州石化总厂输油管线及苏丹近海等多条管道。

检测器标定测试试验

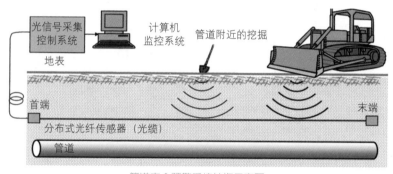

管道安全预警系统结构示意图

中国石油拥有专业的研发、咨询和服务队伍，能够为用户提供完善的产品、服务和整体解决方案。

专利及软件著作权列表：

序号	专利（软件著作权）名称	专利号/授权号	备注
1	一种管道测径清管器	200820109870.2	
2	涂层防损清管器	01232408.6	
3	一种管道变形检测器探头机构	200920105973.6	
4	地下在役长输管道腐蚀缺陷检测装置	00204917.1	
5	油气管道腐蚀检测装置	03264524.4	
6	管道腐蚀检测器探头铰链	200620158737.7	

续表

序号	专利（软件著作权）名称	专利号/授权号	备注
7	管道腐蚀检测器探头滑片	200620158739.6	
8	管道漏磁检测器浮动皮碗机构	200620158735.8	
9	管道腐蚀检测器探头电缆接头封装结构	200620173569.3	
10	管道漏磁检测器钢刷	200620158743.2	
11	管道漏磁腐蚀检测器支承轮	200620158736.2	
12	管道检测器发送装置	200720149475.2	
13	管道检测器回收装置	200720149474.8	
14	皮碗打翻测试装置	200720149476.7	
15	一种聚氨酯弹性探头臂	200820122972.8	
16	管道漏磁检测器电路板结构	200710119096.3	
17	分布式光纤传感器的成缆结构	200410056910.8	
18	光纤安全预警相位控制系统	200610090592.6	
19	光纤安全预警光路系统	200610090594.5	
20	光纤安全预警传感器安装方法	200610090595.X	
21	光纤安全预警偏振控制系统	200610090599.8	
22	光纤安全预警信号识别系统	200610090600.7	
23	光纤安全预警定位系统	200610090902.4	
24	光纤安全预警系统	200610090593.0	
25	一种光纤安全预警相位控制系统	200810211937.8	
26	一种光纤安全预警偏振控制系统	200810211938.2	
27	一种光纤安全预警传感器安装方法	200810167877.4	
28	振动检测传感光缆	200910086140.4	
29	An optical fiber control system for safety early warning	2664010	加拿大CA
30	An optical fiber control system for safety early warning	2009/1545	哈萨克斯坦
31	振动检测传感光缆	200920108824.5	
32	分布式光纤传感器的成缆结构	200420088067.7	

续表

序号	专利（软件著作权）名称	专利号/授权号	备注
33	光纤安全预警定位装置	200620124265.3	
34	光纤安全预警相位控制装置	200620124268.7	
35	光纤安全预警信号识别装置	200620124263.4	
36	光纤安全预警偏振与相位联合控制装置	200620124269.1	
37	光纤安全预警偏振控制装置	200620124270.4	
38	光纤安全预警光路装置	200620124264.9	
39	光纤安全预警装置	200620124262.X	
40	管道安全预警本地管理系统 LW-1000 V1.0	2006SR12469	
41	光纤管道安全预警网管系统 LW-1000-B V1.0	2006SR12468	
42	光纤转接架	200830132230.9	
43	光纤安全预警系统机箱	200830132180.4	
44	光纤安全预警系统机箱插板助拔器	200830132179.1	
45	振动检测传感光缆	200910086140.4	
46	基于光纤干涉仪的区域防入侵系统光纤干涉仪布设方法	200910203253.8	
47	一种基于光纤干涉仪的区域防入侵方法	200910203252.3	
48	基于光纤干涉仪的区域防入侵光路系统	200910203252.8	
49	基于光纤干涉仪的区域防入侵系统盘中盘	200920108206.0	
50	振动检测传感光缆	200920108824.5	
51	基于光纤干涉仪的区域防入侵主机箱前面板	200920108649.X	
52	一种光纤干涉仪区域防入侵系统光纤降低出入口虚警率的系统	200920156708.0	
53	一种降低基于光纤干涉仪区域防入侵系统虚警率的系统	200920156707.6	
54	一基于光纤干涉仪的区域防入侵系统光纤干涉仪	200920156706.1	
55	一种光纤干涉仪的区域防入侵光路系统	200920156705.7	
56	基于光纤干涉仪的区域防入侵系统光路复用系统	200920156704.2	

续表

序号	专利（软件著作权）名称	专利号／授权号	备注
57	区域防入侵系统光纤干涉仪光纤的结构	200920156703.8	
58	一种基于光纤干涉仪的区域防入侵系统的光路复用系统	200920156701.9	
59	基于光纤干涉仪区域防入侵系统低出入口虚警率的系统	200920156701.9	
60	一种基于光纤干涉仪的区域防入侵系统	200920150400.5	
61	基于光纤干涉仪的区域防入侵系统盘中盘	200930126869.0	
62	一种基于光纤干涉仪的区域防入侵系统主机箱插座支架	200930126870.3	
63	基于光纤干涉仪的区域防入侵系统主机箱插座支架	200930126871.8	
64	一种基于光纤干涉仪的区域防入侵系统主机箱插座支架	200920108205.6	

（其宣传册和宣传片详见中国石油网站）

专家团队：李久春、曹崇珍、张金权 等

联系人：刘素杰

E-mail：Tx_liusujie@cnpc.com.cn

联系电话：0316-2173903

3.47 慧眼 2000 超薄层（0.2m）测井技术

技术依托单位：中国石油大庆油田。

技术内涵：3 个技术系列，8 项特色技术，5 件专利。

技术框架：

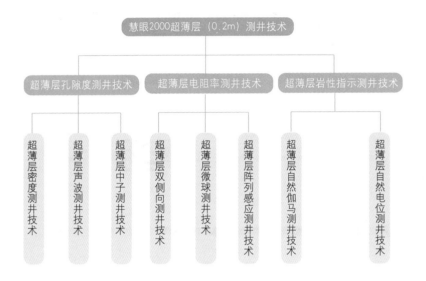

由中国石油大庆油田有限责任公司研发的慧眼 2000 超薄层（0.2m）测井技术能一次取全所有常规测井参数，技术具有三大特色：纵向分辨率高，扩展能力强，适用范围广。由超薄层孔隙度测井技术、超薄层电阻率测井技术及超薄层岩性指示测井技术三大特色技术组成。超薄层孔隙度测井技术由超薄层密度测井技术、超薄层声波测井技术、超薄层中子测井技术三大特色技术组成。超薄层电阻率测井技术由超薄层双侧向测井技术、微球测井技术、超薄层阵列感应测井技术配套的三大特色技术组成。超薄层岩性指示测井技术由超薄层自然伽马测井技术、超薄层自然电位测井技术配套的两大特色技术组成。

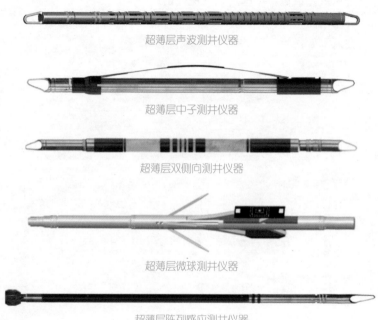

超薄层声波测井仪器

超薄层中子测井仪器

超薄层双侧向测井仪器

超薄层微球测井仪器

超薄层阵列感应测井仪器

专利列表：

序号	专利名称	专利号/申请号
1	一种高分辨率密度测井装置	ZL201120182210.9
2	一种近井壁自然电位测井装置	ZL201120182198.1
3	一种自然伽马测井仪的防震结构	ZL201020676086.7
4	一种高分辨率自然电位测井仪器	ZL200610152725.8
5	变直径三种探测深度高分辨率三侧向测井仪	ZL201220349114.3

　　慧眼 2000 超薄层（0.2m）测井技术在厚层细分和薄层、差层解释中优势明显。已在大庆油田 100 余口井中成功应用，厚 0.2m 以上薄层可准确反映岩性、物性，可清晰识别非均质厚层的岩性和物性变化；解释符合率提高 10%，是发现、识别油气层的锐利武器，能在寻找剩余油、计算储量中发挥重要作用。

（其宣传册和宣传片详见中国石油网站）
专家团队：谢荣华、陶宏根、王宏建 等
联系人：童茂松
E-mail：tongms@cnpc.com.cn
电话：0459-5693141

3.48 DQW-178型涡轮钻具

技术依托单位：中国石油大庆油田钻探工程公司。

技术内涵：1个技术系列及产品，2项企业标准。

技术框架：

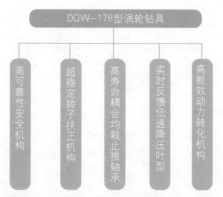

DQW-178型涡轮钻具

- 高可靠性安全机构
- 超稳定转子扶正机构
- 高寿命耦合均载止推轴承
- 实时反馈低速降压叶型
- 高能效动力转化机构

针对深井极硬且高研磨地层钻井速度慢的世界钻井工程技术难题，中国石油研发了具有完全自主知识产权的新一代高速井下动力钻具——DQW-178型涡轮钻具。钻具由涡轮节和支承节两部分组成，涡轮节内部多级高效涡轮叶片，将钻井液的压力能量转化为旋转机械能，从而驱动给钻头破岩。涡轮钻具采用全金属结构，不受井下温度和钻井液类型的限制，适用于深井及高温条件下的钻井作业。涡轮钻具性能稳定可靠，组装和维修简便。已在大庆油田实现推广应用。

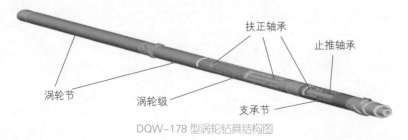

扶正轴承
止推轴承
涡轮节
涡轮级
支承节

DQW-178型涡轮钻具结构图

　　DQW-178 型涡轮钻具工作转速达 1000r/min，与孕镶金刚石钻头配合，显著提高深井极硬及高研磨地层，砾石层、火成岩层等的机械钻速；单次井下工作 200h 以上，且井眼规则、井身质量好，一趟钻进尺相当于常规钻井方式的 4 ~ 6 倍，能够大幅提高钻井速度（提速 50% ~ 100%），缩短钻井周期，降低钻井成本，减轻工人劳动强度，是极硬地层钻井提速提效的最佳选择。

　　DQW-178 型涡轮钻具两种规格，基本型内部安装 132 级涡轮，其工作压降低，对钻井设备承压要求小，适应性好；加强型内部安装 150 级涡轮，动力输出高，工作稳定性好。技术优势：（1）涡轮叶片水力优化设计，能量转化效率高。（2）转子系统同轴设计，动力输出平稳，振动低。（3）低速降压实时反馈特性，操作性好。（4）井下连续工作时间 200h 以上。（5）全金属结构，不受井下温度、压力、钻井液类型限制。（6）模块化设计，方便现场维护保养。

DQW-178 型涡轮钻具实物图

（其宣传册和宣传片详见中国石油网站）
专家团队：杨智光、杨决算、李玉海 等
联系人：刘玉民
E-mail：liuyumin@cnpc.com.cn
电话：0459-4893474

3.49　Hawk 无线节点地震仪

技术依托单位：中国石油集团东方地球物理勘探有限责任公司。
技术内涵：4 个系统，12 项特色技术，8 件专利。
技术框架：

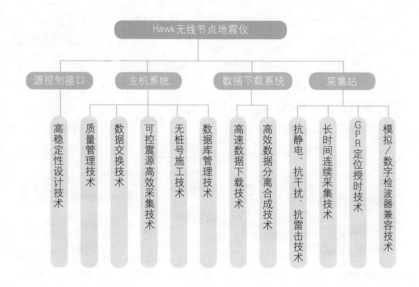

　　Hawk 无线节点地震仪是一种自主式节点系统，即在生产过程中，采集数据在采集站中存储，施工结束后，将采集站中存储的数据进行下载，然后根据要求合成最终需要的地震数据。Hawk 无线节点地震仪不仅能够应用于地震勘探，而且创新性地实现了在电法勘探中的应用，使高密度电法勘探变为现实。

　　Hawk 无线节点地震仪在采集站与主机之间不存在任何实时数据传输（包括有线及无线），系统简单、轻便，野外布设更加方便、高效，不受地表等自然环境影响，能够适应各种复杂地表条件勘探需求，如山地、沼泽、HSE 许可等复杂地区。既能够独立施工，又能够与其他采集系统（包括有线系统）混合施工。Hawk无线节点地震仪野外施工过程十分简单，能够大幅度提高复杂地表施工效率。

数据采集

野外施工现场

专利列表：

序号	专利名称	专利号／申请号
1	用于无线地震系统的源编码器	201310174017.4
2	从地震信号中去除偏移	201310275108.7
3	用于为地震数据采集单元服务的可移动交换工具	201410092918.3
4	可配置的获取单元	201410041920.8

序号	专利名称	专利号／申请号
5	用于为地震数据采集单元服务的可移动交换工具	201410092918.3
6	使用混合模式的地震勘探系统获取地震数据的方法	201410625204.4
7	具有无线通讯单元和无线电力单元的地震数据采集单元	201510264279.9
8	为地震数据采集单元服务的具有机架的可移动交通工具	201510264131.5

（其宣传册和宣传片详见中国石油网站）

专家团队：姜耕、罗福龙、罗兰兵 等

联系人：罗兰兵

E-mail：Luo.Lanbing@invoageo.com

电话：0312-3737923

3.50 EILog-HAL 阵列侧向测井仪

技术依托单位：中国石油测井有限公司。

技术内涵：3 个技术系列，8 项特色技术，14 件专利，1 项软件著作权。

技术框架：

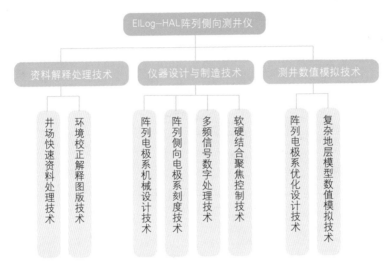

EILog-HAL 阵列侧向测井仪通过创新屏蔽电极个数和返回电极位置设计，采用软硬结合聚焦处理等技术，实现 0.3m 的纵向高分辨率和 5 种径向探测深度的地层电阻率测量。仪器提供 5 条地层电阻率曲线，测量得到的地层信息丰富，纵向分辨率高；利用井场快速资料处理软件，能够快速反演钻井液电阻率、侵入带半径及电阻率、原状地层电阻率等参数，对径向侵入剖面进行二维成像，能够清晰描述地层径向侵入特征；所有发射电流均返回到仪器本身，消除格罗宁根和德雷伏效应影响，测量曲线稳定、可靠，曲线关系更反映储层真实情况；仪器为准确评价薄层和薄互层油气特性、判断油（气）水层性质、准确识别油—水界面和计算含油（气）饱和

度提供准确的电阻率信息。

金属环状电极阵列化排列结构示意图

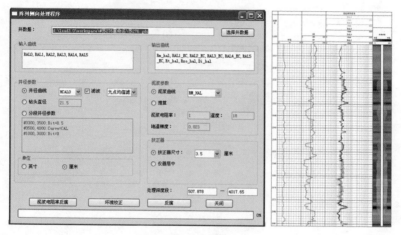

对测井资料进行反演与解释

EILog–HAL 阵列侧向测井仪适用于盐水钻井液中高阻地层电阻率测量，仪器有效长度仅为 7.2m，由上、下电子仪，阵列电极系三部分组成，组合测井连接简便，能够与常规和成像等仪器进行组合测井，现场测井时效提高明显。仪器在中国吉林、长庆、吐哈、华北、海南等油田及山西煤气田成功应用，能够真实、准确地指示薄层和储层侵入特征。仪器已远销俄罗斯、乌兹别克斯坦、伊朗等国际市场，展露出技术优势和市场竞争力。

EIlog–HAL 阵列侧向测井仪于 2012 年获国家战略性创新产品称号；2013 年获中国石油天然气集团公司自主创新重要产品称号；2013 年入选中国石油天然气集团公司十大工程利器；2014 年获中国石油与化学工业联合会科技进步一等奖。

专利及软件著作权列表：

序号	专利（软件著作权）名称	专利号 / 授权号
1	一种绝缘隔离体结构	ZL201020696016.8
2	一种石油测井仪侧向电极系	ZL201020170144.9
3	能调节的测井仪器固定架连接装置	ZL201120062879.4
4	移动式测井仪器支撑架	ZL201120069963.9
5	一种 N 电极动态选择装置	ZL200720149080.2
6	一种联接销	ZL200620112843.1
7	一种橡胶扶正器卡环	ZL200820078955.9
8	测井仪器定值泄压平衡系统	ZL200820078956.3
9	灯笼体扶正器	ZL201320198364.6
10	一种用于石油测井仪器的测试装置	ZL200720104034.0
11	有效泄压式平衡装置	ZL200620112841.2
12	一种多芯承压盘	ZL200620119173.6
13	一种用于石油测井仪器的承压插针	ZL200620112838.0
14	厚膜电路性能检测台架	ZL200720104288.2
15	LogSIP 测井数值模拟集成平台系统	2012SR033295

（其宣传册和宣传片详见中国石油网站）

专家团队：王敬农、贺飞、肖宏 等

联系人：唐宇

E-mail：zycjtangy@cnpc.com.cn

电话：029-88776043

3.51　分簇射孔技术

技术依托单位：中国石油川庆钻探工程公司。

技术内涵：4 个特色系统，2 个特色软件，1 项规范，20 件专利。

技术框架：

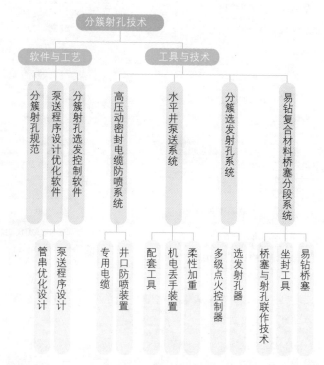

分簇射孔技术是在井筒和地层有效沟通的前提下，采用电缆输送方式，按照泵送设计程序，将射孔管串和桥塞输送至目的层，一次下井可进行 20 级点火作业，实现桥塞坐封与多簇射孔联作，为分段压裂创造孔眼条件，是非常规油气资源开发的最优选择。

中国石油自主研发了分簇射孔技术，包含易钻复合材料桥塞分段系统、高压动密封电缆防喷系统等四项工具与技术，分簇射孔选发控制软件、泵送程序设计优化软件等三套软件与工艺，为非常规油气藏水力分段压裂创造清洁、高导流的射孔通道，并控制裂缝的起裂及延伸。整体技术属于国内首创，达到国际先进水平。

分簇射孔技术现已在威远—长宁、焦石坝和昭通三个国家级页岩气示范区，以及壳牌公司金秋—富顺区块、道达尔公司苏南区块等十多个油气区块推广应用效率提高两倍以上，创下国内多项射孔纪录。安全、高效、低成本的优势为非常规油气资源开发提供了强有力的技术支撑。

在壳牌 JH3 井成功应用

中国石油川庆钻探工程有限公司具备从施工设计、工具生产、施工服务、现场技术支撑一体化分簇射孔技术服务能力。现已在 4 种油气藏、3 个国家页岩气示范区、3 个合作区块、中国石化所属的 4 个油气田 5 个油气区块、中国石油所属的 4 个油气田 8 个油气区块现场应用 300 多井次。施工作业成功率达 100%，降低了作业成本，提高了作业效率。

现场应用

专利列表：

序号	专利名称	专利号 / 申请号
1	井下点火控制装置	ZL201120211699.8
2	电缆射孔用柔性加重装置	ZL201120211689.4
3	井下两次点火射孔系统	ZL201120211687.0
4	一种多级点火射孔用中间接头装置	ZL201320578683.X
5	多级点火射孔用级间隔离装置	ZL201320578830.3
6	多级点火射孔用旁开接线装置	ZL201320578745.7
7	一种模块化弹托装置	ZL201320601066.7
8	油气井用定面射孔模块弹托	ZL201320583673.5
9	油气井用模块弹托定面射孔器	ZL201320583672.0
10	定向钢构	ZL201320600829.6
11	一种用于射孔的井下电雷管点火控制电路	ZL201320753463.6
12	一种用于射孔点火控制电路的信号检测处理电路	ZL201320753724.4

续表

序号	专利名称	专利号／申请号
13	一种井下射孔点火控制电路的宽范围输入稳压电源电路	ZL201320753726.3
14	多级点火射孔用中间接头装置	201310426734.1
15	用于射孔点火控制电路的信号检测处理电路	201310605350.6
16	用于井下射孔点火控制电路的宽范围输入稳压电源电路	201310605550.1
17	一种用于射孔的井下电雷管点火控制电路	201310605551.6
18	一种油气井定面射孔模块弹托	201310431399.4
19	一种油气井用模块弹托定面射孔器	201310431108.1
20	模块化弹托装置	201310447859.2

（其宣传册和宣传片详见中国石油网站）

专家团队：吴铭德、陈锋、罗宏伟 等

联系人：唐凯

E-mail：tangkai_sc@cnpc.com.cn

电话：023-67352060

3.52　BH–CWT200 油气井测试技术

技术依托单位：中国石油渤海钻探工程公司。

技术内涵：7 项特色技术，7 件专利，8 件自主特色产品。

技术框架：

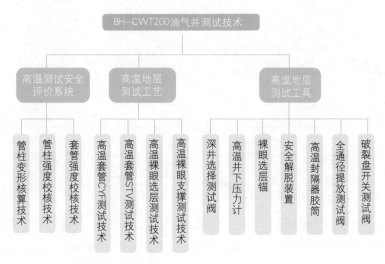

随着油气勘探开发逐步朝深井发展，常规地层测试工具无法满足井下高温环境，中国石油开发了高温高压油气井测试工具——BH–CWT200 油气井测试技术，能够在井下 230℃以下的高温环境中进行不同井温、不同井眼条件、不同作业需求的测试作业，及时获取地层产能、液性、温度、压力等参数，为高温油气井勘探开发提供了重要手段。

测试工具包括：井下一次开井阀、高温电子压力计、高温裸眼胶筒、全通径提放式测试阀、裸眼封隔器、安全解脱装置、裸眼选层锚等，其耐温均达到 200℃以上，为钻井和试油阶段发现高温油气藏提供了技术支撑。

BH-CWT200 系列高温地层测试工具

　　现已在中国塔里木、华北、冀东、吉林等油田和地区成功应用于百余口井，有效解决了高温工况下油气井测试的技术难题。其中在南堡3-80井地层测试过程中，井下温度高达204℃，解决了高温井测试技术难题，并发现了南堡深潜山构造，且摸清了该区块储层特性。打破了行业纪录，技术优势显著。

高温裸眼测试技术在冀东油田应用

专利列表：

序号	专利名称	专利号/申请号
1	油气地面计量热交换节流一体化装置	ZL20110100307.5
2	井下一次开关阀	ZL201320119780.2
3	隔热式高温电子压力计	ZL201320121071.8
4	裸眼用压缩式裸眼胶筒	ZL201320121158.5
5	滑套式负压测试装置	ZL201320124807.7
6	多功能计量罐	ZL201120546802.4
7	防酸防硫腐蚀的三相分离器	ZL200920247082.4

（其宣传册和宣传片详见中国石油网站）

专家团队：杜成良、朱礼斌、杨先辉 等

联系人：杨先辉

E-mail：yangxianhui@cnpc.com.cn

电话：0317-2551118

3.53 BH-MWD175 型随钻测量仪

技术依托单位：中国石油渤海钻探工程公司。

技术内涵：5 项特色技术，4 件特色装备，8 件专利。

技术框架：

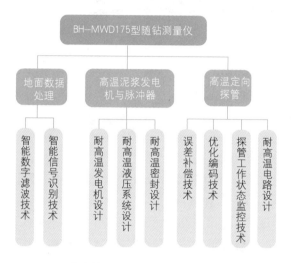

  BH-MWD175 型随钻测量仪是中国石油渤海钻探工程公司定向井公司开发的高温随钻测量仪器，它突破了常温随钻测量仪器局限于温度 150℃ 内工作的限制，实现了高温测量的精确导航。BH-MWD175 型随钻测量仪主要由 175℃ 高温定向探管、175℃ 高温泥浆发电机与脉冲器和微弱信号地面解码系统等组成。通过采取优化电路与机械结构设计，实现了耐高温性能，井斜精度 ±0.1°，方位精度 ±1°，以及先进的数字滤波方法和智能信号识别技术，实现了微弱信号解码。

高温定向探管实物图

高温泥浆发电机实物图

BH–MWD175 型随钻测量仪有效解决了高温井随钻测量的技术难题。测量仪先后在大港、冀东、华北、长庆、吉林、塔里木、委内瑞拉等油田和地区成功应用于 200 余口井，累计入井工作超过 38000 小时，仪器的耐温性能和稳定性得到客户的一致好评，为中国石油国际市场发展提供了有力的装备保障。

作业现场

中国石油渤海钻探工程公司定向井技术服务分公司先后为中国大港、冀东、华北、大庆、辽河、胜利、塔里木、渤海、南海等20多个陆地和海上油田，以及伊朗、伊拉克、委内瑞拉、印度尼西亚、蒙古、菲律宾等15个国家30家外国公司提供了上万口井的技术服务。

专利列表：

序号	专利名称	专利号 / 申请号
1	磁方位仪校验架	ZL.200720103477.8
2	连接接头	ZL.200720103478.2
3	整体式提升阀	ZL.200720103479.7
4	随钻测量仪器流管弹簧总成	ZL.200820001198.5
5	橡胶弹簧减震装置	Zl.201227035885.6
6	角度测量装置	Zl.201220742010.9
7	电平转换芯片检测装置	Zl.201220748665.7
8	模数转换芯片检测装置	Zl.201220748701.X

（其宣传册和宣传片详见中国石油网站）

专家团队：苏义脑、运志森、魏春明 等

联系人：杨龙

Email：yanglong@cnpc.com.cn

电话：022-25971782

3.54 猎鹰（KCLog）套管井成像测井系统

技术依托单位：中国石油集团西部钻探工程有限公司。

技术内涵：4 个技术系列，10 项特色技术，9 件专利，5 项软件著作权。

技术框架：

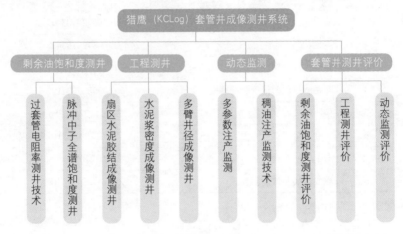

猎鹰（KCLog）套管井成像测井系统针对油田开发动态、井眼技术状况变化及现状信息等方面的监测需求，在储层评价测井方面采用过套管电阻率和全谱饱和度测井，进行剩余油饱和度综合评价；在工程测井方面采用水泥密度、扇区水泥胶结与光纤陀螺仪测井组合，进行固井质量精细评价并准确定位水泥缺失位置；采用电磁探伤与四十臂井径测井判断套管内、外部损伤情况；在动态监测方面可挂接多种注入产出剖面仪器，采用微波持水测井技术在高含水井中准确测量含水率。能为油田提供准确的剩余油分布情况、动态监测、固井质量评价和套管技术状况，为油田的老区挖潜、稳油控水、提高采收率提供有效的技术支撑。

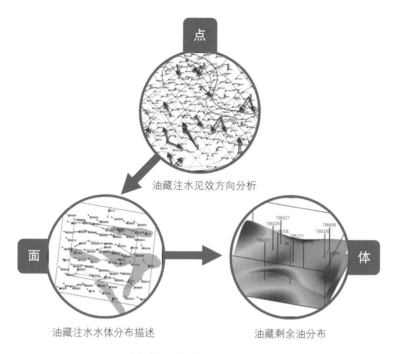

剩余油饱和度测井评价综合应用

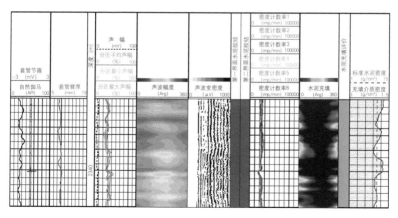

RCB/RCD 低密度水泥浆固井质量解释成果图

猎鹰（KCLog）套管井成像测井系统已在新疆油田、吐哈油田、塔里木油田、苏里格气田得到推广应用，累计完成 600 余井次测井作业。

专利列表：

序号	专利名称	专利号/申请号
1	测井遥传通信装置	ZL200910113620.5
2	柔性绝缘短节	ZL201110327640.X
3	持水率仪器微波探头	ZL200720201541.6
4	测井地面或井下信号接收电路	ZL200920277349.4
5	测井液压涨缩装置	ZL200920277299.X
6	抗测量干扰电缆分配装置	ZL200920277298.5
7	测井地面与井下信号双向传输电路	ZL200920116689.9
8	测井地面或井下信号发送电路	ZL200920277348.X
9	伽马多项检测水泥密度测井仪	ZL201320137807.0

（其宣传册和宣传片详见中国石油网站）

专家团队：陆大卫、陈斌、高秋涛 等

联系人：李雨田

E-mail：liyt2006@cnpc.com.cn

电话：0990-6369602

3.55 雪狼录井仪

技术依托单位：中国石油集团西部钻探工程有限公司。

技术内涵：9项特色技术，7件专利，3项软件著作权。

技术框架：

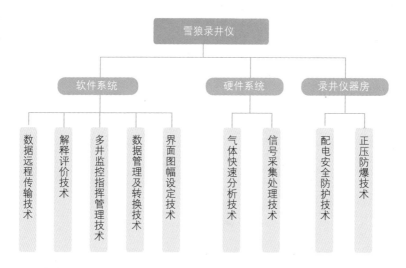

综合录井仪是石油和天然气勘探开发生产中重要的录井设备，录井技术是发现油气和保障安全快速钻井的有力手段，雪狼系列录井仪是中国石油自主研发的录井设备，多次获得中国石油和新疆维吾尔自治区的奖励，并在国内外市场得到广泛应用。

雪狼录井仪在钻井过程中采集和记录钻井工程参数、钻井液参数，分析钻井液中的气体成分和含量的设备，可及时发现钻井工程事故的早期异常和地下油气显示信息，指导优化钻井施工，并通过解释评价技术，对地层压力、地层含油气性进行评价，是现代油气勘探作业中发现油气和保障作业安全必不可少的重要设备。

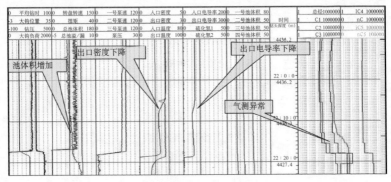

雪狼录井仪监测发现异常

　　雪狼录井仪由正压防爆仪器房、供电系统、数据采集系统、传感器系统、气体分析系统和雪狼 3.0 录井软件系统组成。仪器房划分为工程师工作区、地质工作区、设备区和电缆备件仓。

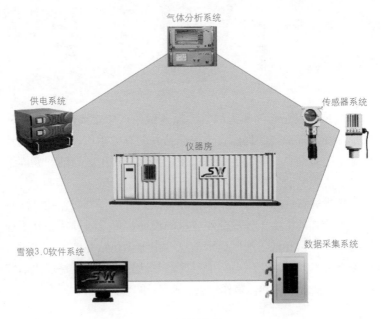

仪器结构图

雪狼录井仪近年来完成工程预报 4000 余次，工程预报率 100%，保障了钻井安全，有效防控了井控风险；共发现油气显示 7652 层，油气显示发现率 100%，在油气勘探开发与产能建设上发挥了重要作用。

专利列表：

序号	专利名称	专利号 / 申请号
1	录井仪器房外观设计	ZL200730200536.9
2	平板车滚动装置	ZL200720201677.7
3	架线杆装置	ZL200820303461.6
4	仪器房绞线盘	ZL200920277297.0
5	钻井液黏度自动测量装置	ZL200720201669.2
6	硅胶干燥装置	ZL200820303447.6
7	钻台无线防爆显示器	ZL201120413520.7

（其宣传册和宣传片详见中国石油网站）

专家团队：胡道雄、蒲国强、范江华 等

联系人：叶尔扎提

E-mail：yeerzhati@cnpc.com.cn

电话：0990-6840429

3.56 油气管道自动控制软件 EPIPEVIEW

技术依托单位：中国石油管道局工程有限公司。

技术内涵：4 个特色系统，10 件专利和技术秘密，1 项软件著作权，1 项软件产品登记。

技术框架：

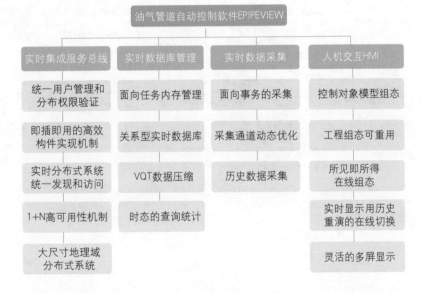

油气储运自动化控制软件 EPIPEVIEW 是对油气管道、油库、油田等储运设施进行实时监视与生产调控，保证储运设施安全、高效运行的必要手段，是油气储运自动化控制系统的核心。EPIPEVIEW 软件产品针对诸如管道、油田等地域伸展和分布式布置设施进行集中调控所设计开发的广域 SCADA 系统解决方案，采用面向服务的架构设计，其灵活的扩展和模块化部署能为不同规模

的油气储运行业应用提供完善的监控与数据采集功能。软件的主要性能指标达到国际领先水平。

　　EPIPEVIEW 软件以集成服务平台为基础，引入面向服务的架构体系（SOA 架构）应用于实时监控系统中，实现了高效、灵活的实时监控。采用基于库的部署和系统管理，可实现在同一套系统中划分独立的处理单元（如管线），使系统在数据维护、工程开发、安装部署和升级维护等方面具备更好的灵活性、可配置性和隔离性。抽象并内置管道模型库，不仅使工程开发过程简单化、标准化，而且实现了经验积累的有形化。采用大型分布式 SCADA 系统中统一用户管理和分布式权限验证相结合的访问控制机制，严格保证了油气储运安全性。

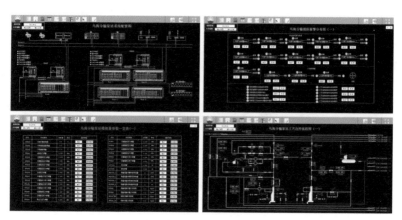

宁夏石化外输管道监控图

　　EPIPEVIEW 适用于大型油气管道控制中心、管道站场、油库、油田、海上油气平台等领域。自 2011 年起，EPIPEVIEW 软件产品已在江西、山西、贵州、广西、坦桑尼亚等国内外油气储运项目中应用 200 多套，树立了中国石油油气储运自动化控制软件品牌。

EPIPEVIEW 软件成功填补了中国油气储运专业自动控制系统软件的空白，2011 年起在江西、山西、广西、贵州等省级管网，西部管道、铁大铁锦线、云南成品油等中国石油长输管道，坦桑尼亚、伊拉克、安哥拉等国际项目中安装应用 200 多套，覆盖成品油、天然气等管道的站控和控制中心。

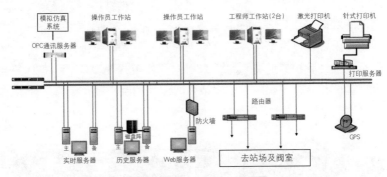

坦桑尼亚天然气管道应用部署图

专利列表及技术秘密（部分）：

序号	专利（技术秘密）名称
1	工业实时数据库动态内存管理技术类
2	实时监控系统中 Web 发布技术
3	SCADA 系统软件多画面编辑与布局技术
4	计算机网络安全通讯技术类
5	智能设备多级远程维护通道技术
6	实时数据协议转发的优先级及并发访问控制技术
7	历史数据压缩及存储技术类

2012 年 6 月，成功应用于宁夏石化成品油外输管道 SCADA 系统总承包项目，开创国内公司使用自主研发软件获得中国石油长输

管道 SCADA 系统工程项目总承包的先河，打破了国外公司在该领域的垄断。

2013 年，凭借优异的性能指标和易用性，EPIPEVIEW 4.0 英文版成功走出国门，应用于坦桑尼亚国家天然气管道。

（其宣传册和宣传片详见中国石油网站）

专家团队：黄维和、聂中文、李国栋 等

联系人：李国栋

E-mail：Liguodong-lh@cnpc.com.cn

电话：13932671810

3.57 腐蚀性气田材料应用工程及腐蚀控制技术

技术依托单位：中国石油集团工程设计有限责任公司。

技术内涵：4 个技术系列，10 项特色技术，16 件专利，7 项专有技术。

技术框架：

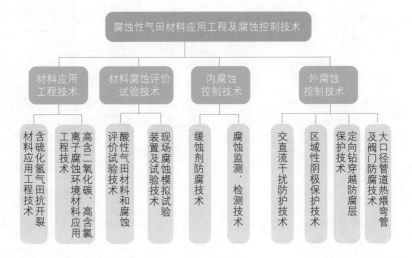

高含硫化氢现场腐蚀试验装置

实现腐蚀性气田安全、经济、有效开发，必须解决含硫化氢、二氧化碳、高矿化度地层水等腐蚀性气田材料选择与防腐问题，中国石油腐蚀性气田材料应用工程及腐蚀控制技术包括材料应用工程技术，材料腐蚀评价试验技术及内、外腐蚀控制技术，该技术通过国内外大量气田实践证明，技术水平先进，安全可靠。

高含二氧化碳现场腐蚀试验装置

腐蚀性气田材料应用工程及腐蚀控制技术应用于四川中坝气田、罗家寨气田、龙岗气田、土库曼加尔金内什气田等酸性气田，硫化氢最高为18%（体积分数）、二氧化碳最高10%（体积分数）、氯离子含量最大126000mg/L、井口压力最高50MPa、井口温度最高120℃。对管道等地面设施，采用抗硫化物应力开裂（SSC）和抗氢致开裂（HIC）的材料和相关焊接技术，实现自20世纪70年代至今酸性气田的安全开发。

腐蚀性气田材料应用工程及腐蚀控制技术获得多项奖项：《大型高含硫气田安全开采及硫磺回收技术》荣获2011年国家科技进步二等奖；《油套管CO_2腐蚀机理、防护措施及油田应用研究》荣获2003年中国石油集团技术创新奖二等奖；高酸性气田金属材料及焊接抗硫性能研究》荣获2010年中国施工企业管理协会科学技术奖创新成果一等奖；《酸性天然气集输管道环保缓蚀剂研发》荣获2012年中国施工企业管理协会科学技术奖一等奖等。

专利列表（部分）：

序号	专利（专有技术）名称	类别	专利号／授权号
1	一种用于酸性油气田的缓蚀剂	发明专利	201110067935.8
2	一种用于高含硫气田的溶硫剂	发明专利	201110056804.X
3	二氧化碳腐蚀试验橇	发明专利	201110233839.6
4	石油天然气工程定向钻穿越管道防腐层的保护方法	发明专利	201110130971.4
5	新型在线腐蚀监测辅助装置	实用新型专利	201120044018.3
6	多功能化学试剂加注系统	实用新型专利	201220054075.4
7	高含氯离子、二氧化碳湿气输送管材选择技术	专有技术	06zydm00206
8	高含硫化氢气田材料腐蚀评价与工程应用技术	专有技术	9512011Y0567
9	含硫化氢、二氧化碳气田开采设备、管道防止酸性环境腐蚀、防止硫化物应力开裂的检测、评价、分析技术	专有技术	03zydm001
10	高酸性气田在线腐蚀试验装置研制及现场材料评价试验	专有技术	9512011Y0565
11	缓蚀剂环境下焊缝腐蚀评价技术	专有技术	20130074
12	高矿化度气田水对缓蚀剂性能影响评估分析技术	专有技术	20130368
13	溶硫剂对非金属密封件的影响评价技术	专有技术	20150157

（其宣传册和宣传片详见中国石油网站）

专家团队：李鹤林、姜放、施岱艳 等

联系人：傅贺平

E-mail：fuheping@cnpc.com.cn

电话：028-86014419

3.58 北石智能顶驱

技术依托单位：中国石油钻井工程技术研究院北京石油机械厂。

技术内涵：4 个技术系列，14 项特色技术，22 件专利。

技术框架：

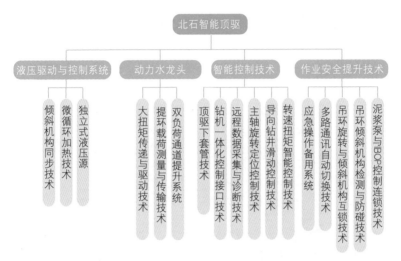

顶部驱动钻井装置（简称顶驱或顶驱装置）是现代钻机技术的重要发展趋势，已逐渐成为现代化钻机的标准配置。顶驱钻井是减少钻井复杂性、降低风险、避免钻井事故最有效的技术手段之一，提高了钻井作业的能力、效率和安全性，成为自转盘钻井以来重大的技术变革，实现了钻机自动化过程的阶段性跨越，被誉为近代钻井装备的革命性技术成果之一。

20 世纪 80 年代末，中国石油开始追踪研发顶部驱动钻井装置，现已拥有一大批优秀的科技研发人才和专业的生产制造厂家，具备广阔的市场销售网络和完善的售后服务体系，可提供质量可靠、性能稳定的顶驱装置及优良的售后服务。中国石油具备年产百台顶驱装置的生产能力，可研发并制造多种型号、多种规格的系列产品，既有先进的交流变频驱动顶驱装置，又有结构小巧的液压驱动顶驱装置，可为 12000 ~ 2000m 各种型号钻机提供配套服务。

顶驱钻井装置已经出口到世界上 30 余个国家和地区，在用顶驱装置超过 500 台，超过 50% 的顶驱装置在国外作业，北石智能顶驱可提供 2000 ~ 12000m 所有型号钻机所需的顶驱装置，适用于各种陆地钻机、海洋钻机、车载钻机以及修井机等。"北石"和"BPM"已经成为中国石油、中国石化、中国海油及英国石油公司（BP）、壳牌集团（Shell）、雪佛龙公司（Chevron）、委内瑞拉国家石油公司（PDVSA）等国际知名石油公司认可的品牌。

北石 DQ40BSG 型顶驱装置现场作业（大庆）

北石 DQ90BSC 型顶驱装置现场伯业（东海）

近年来，随着常规、易采和优质油气资源的减少，对深水与非常规油气资源的勘探开发逐渐成为全球关注的新热点与接替传统能源的现实选择；对欠平衡、水平井、大位移井、分支井、深井及超深井、套管钻井等复杂井钻完井"提速、降本、增效"的新工艺、新技术和新装备需求也将日渐迫切。为此，中国石油进行了新的探索，积累了多年顶驱钻井技术得持续更新信息与应用经验，新一代北石智能顶驱装置在保障作业安全、智能控制等方面取得了长足的进步与突破。

专利列表（部分）：

序号	专利名称	专利类型	专利号/申请号
1	一种监测顶部驱动钻井装置吊环状态的系统	实用新型	ZL201420771221.4
2	一种顶部驱动钻井装置齿轮减速箱	实用新型	ZL201420542131.8
3	一种顶驱液压油远程微循环加热装置	实用新型	ZL201320320183.6
4	一种中空马达直驱钻井装置	实用新型	ZL201320319236.2
5	基于顶部驱动与地面控制的导向钻井系统的作业方法	发明	ZL201210036025.8
6	内卡式顶驱下套管装置	实用新型	ZL201120336246.8
7	无线防爆式套管探测装置	实用新型	ZL201120120215.9
8	自定位自润滑推力球轴承	实用新型	ZL201020289868.5

续表

序号	专利名称	专利类型	专利号/申请号
9	带有齿轮锁定装置的钻机顶驱旋转头	实用新型	ZL201020580068.9
10	套管限位及卡瓦约束装置	实用新型	ZL200920107550.8
11	顶驱下套管装置	实用新型	ZL200920105896.4
12	一种用顶部驱动钻井装置下套管作业的方法	发明	ZL200910078565.0
13	顶部驱动钻井装置侧挂式背钳分体式挂臂	实用新型	ZL200820080680.2
14	一种控制石油钻机顶驱装置转速扭矩的方法	发明	ZL200810056832.X

（其宣传册和宣传片详见中国石油网站）

专家团队：丁树柏、马家骥、刘广华 等

联系人：见立银

E-mail：jianlydri@cnpc.com.cn

电话：010-83593364

第四部分

炼油化工领域

4.1　重油催化裂化工艺技术及催化剂

技术依托单位：中国石油石油化工研究院。

技术内涵：2 个技术领域，8 大技术系列，40 项单项技术 / 产品，96 件专利。

技术框架：

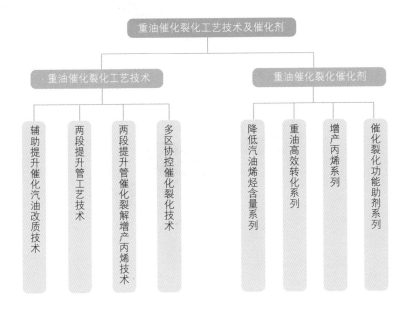

国内外市场对轻质油的需求日益加大，但可利用石油资源却趋向重质化和劣质化，作为重质油轻质化的重要转化过程之一的催化裂化技术显得尤为重要。

1999 年以来，根据全球炼油业务发展趋势及国内炼厂需求，中国石油集中力量开展了重油催化裂化工艺技术与催化剂的研发及工程化实践，形成了降低汽油烯烃、重油高效转化、多产丙烯技术为代表的多项特色技术，涵盖了催化裂化反应工艺技术、催化新材料合成、催化剂制备工艺开发、催化剂产品等多个领域。

孔径偏小
分子筛被包埋

常规催化剂

中大孔结构发达
分子筛生长在孔道上

原位晶化催化剂

重油催化裂化和多产丙烯技术包括：辅助提升催化汽油改质技术、两段提升管工艺技术、两段提升管催化裂解增产丙烯技术、多区协控催化裂化技术四大技术系列，以及重油催化裂化催化剂系列产品；现已在国内外 40 余家炼油企业得到了成功应用。

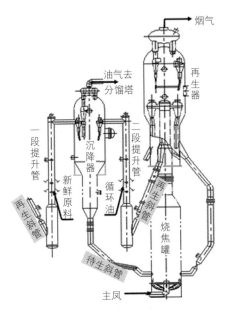

两段提升管催化裂化工艺

中国石油拥有研发、生产、售后服务方面的一大批专业化人才，可为用户提供催化剂产品和催化裂化技术服务。

专利列表（部分）：

序号	专利名称	类型	专利号／申请号	状态
1	一种铝溶胶的改性方法	发明	0105234.9	授权
2	一种降低汽油烯烃含量的 FCC 催化剂及其制备方法	发明	0105235.7	授权
3	一种改性八面沸石	发明	02103910.0	授权
4	一种稀土超稳 Y 分子筛的制备方法	发明	02103909.7	授权
5	一种超稳稀土 Y 分子筛活性组分及其制备方法	发明	02155600.8	授权
6	一种多产柴油的降烯烃裂化催化剂及其制备方法	发明	02155601.6	授权
7	一种制备高活性稳定性沸石分子筛的方法	发明	02155602.4	授权

续表

序号	专利名称	类型	专利号／申请号	状态
8	一种高铝含量的聚合氯化铝的制备方法	发明	200410068837.6	授权
9	对重金属钒进行捕集的烃类裂化沸石催化剂及制备方法	发明	98100550.0	授权
10	一种新基质型抗重金属裂化催化剂及其制备方法	发明	00122003.9	授权
11	一种提高沸石分子筛催化活性的方法	发明	02103911.9	授权
12	一种催化裂化催化剂及其制备方法	发明	02103907.0	授权
13	一种催化裂化催化剂的制备方法	发明	200510076791.7	授权
14	一种可改善结焦性能的分子筛的制备方法	发明	200810102243.0	申请号
15	一种可改善结焦性能的改性分子筛	发明	200810102239.4	申请号
16	一种含稀土的 Y 形分子筛的制备方法	发明	200810223770.7	申请号
17	一种骨架富硅 Y 形分子筛的制备方法	发明	200810223772.6	申请号
18	一种改性双组元分子筛及催化裂化催化剂	发明	03145919.6	授权
19	一种高效提高 FCC 催化剂中分子筛水热稳定性的改性方法	发明	200810102241.1	公开
20	一种 ZSM-5 沸石／黏土复合催化材料的无胺制备方法	发明	200910077976.8	申请号
21	一种 ZSM-5 沸石／黏土复合催化材料的制备方法	发明	200910077977.2	申请号
22	Method for The Preparation of High-Content NaY Molecular Sieves Synthesized from Kaolin Sprayed Microspheres	发明	USP 7390762	授权
23	一种用高岭土合成分子筛的方法	发明	00119200.0	授权
24	一种合成莫来石的方法	发明	98101568.9	授权
25	一种催化裂化助催化剂及其制备方法	发明	200510069144.3	授权
26	一种用于烃类催化裂化反应的助催化剂及其制备方法	发明	200510069145.8	授权
27	一种多产柴油的催化裂化助催化剂及其制备方法	发明	200510084253.2	授权

续表

序号	专利名称	类型	专利号／申请号	状态
28	一种高岭土喷雾微球合成高含量 NaY 分子筛的制备方法	发明	200410091494.5	授权
29	一种抗重金属的催化裂化助剂及其制备方法	发明	200510076790.2	授权
30	一种全白土型流化催化裂化催化剂及其制备方法	发明	98101570.0	公开
31	一种全白土型高辛烷值催化裂化催化剂的制备方法	发明	00122006.3	公开
32	一种含 Y 形分子筛的催化裂化抗钒助剂及其制备方法	发明	00122001.2	公开
33	一种多产柴油的催化裂化助催化剂及其制备方法	发明	200410031190.X	公开
34	一种原位晶化型催化裂化催化剂的制备方法	发明	200810102244.5	申请号
35	降低催化裂化汽油烯烃含量的方法及系统	发明	02123817.0	授权
36	降低催化裂化汽油烯烃含量的方法及装置	发明	02116787.7	授权
37	简易的催化裂化汽油改质降烯烃的方法及装置	发明	02116786.9	授权
38	轻油收率高的催化汽油改质降烯烃的方法和装置	发明	02146136.8	授权
39	催化汽油改质油气的分离方法和装置	发明	02146135.X	授权
40	降低催化裂化汽油烯烃含量并保持辛烷值的方法及系统	发明	02123494.9	授权
41	催化汽油改质降烯烃的方法和装置	发明	02149314.6	授权
42	重油裂化与汽油改质的耦合调控方法和装置	发明	02149313.8	授权
43	多效重油催化裂化和汽油改质方法和装置	发明	02149315.4	授权
44	高效重油裂化与汽油改质耦合调控的方法和装置	发明	02149316.2	授权
45	两段提升管催化裂化新技术	发明	00134054.9	授权
46	一种催化裂化方法以及用于该方法的装置	发明	200410007518.4	授权
47	一种用于生产低碳烯烃的选择性裂化催化剂	发明	200410096438.0	授权

序号	专利名称	类型	专利号／申请号	状态
48	一种利用两段催化裂解生产丙烯和高品质汽、柴油的方法	发明	200610080831.X	公开
49	一种将催化裂化干气中的乙烯转化成丙烯的方法	发明	200810105648.X	公开
50	一种重油催化转化方法及其装置	发明	2005100585695.4	授权
51	一种灵活调整催化裂化反应—再生系统热量平衡的方法	发明	2009101626492	公开
52	一种重油催化裂化反应的多区耦合强化方法	发明	2009101626488	公开

（其宣传册和宣传片详见中国石油网站）

专家团队：高雄厚、秦松、毛学文 等

联系人：刘涛

E—mail：liutao5@petrochina.com.cn

联系电话：0931—7982376

4.2 劣质重油加工新技术

技术依托单位：中国石油石油化工研究院。

技术内涵：4个技术系列，14项特色技术，133件知识产权（专利、技术秘密、标准和软件著作权）。

技术框架：

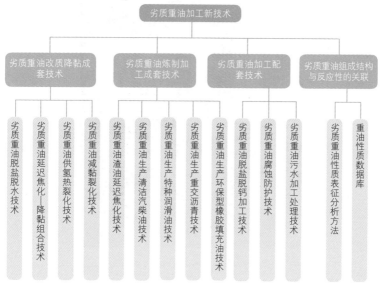

结合海外劣质重油开发利用的需要，中国石油组织开发了以超稠油、超重油和油砂沥青等为代表的劣质重油加工新技术，取得了重要突破和理论技术创新，应用效果显著，形成了劣质重油改质降黏成套技术、炼制加工成套技术、加工配套技术、组成结构与反应性能关联四大技术系列，开发并应用了供氢热裂化、延迟焦化、生产沥青、腐蚀防护、污水处理等单项技术及全球首套重质原油数据库，整体技术达到国际先进水平。

劣质重油加工新技术适用于委内瑞拉超重油、辽河超稠油、克拉玛依风城超稠油等劣质重油加工，并成功应用于广东高富公司和辽河石化公司。标志着中国石油成为继美国福斯特惠勒公司和康菲公司之后的全球第三家拥有完全自主委油焦化技术产权的公司。

100×10⁴t/a 劣质重油供氢热裂化工业应用装置

专利列表（部分）：

序号	专利名称	专利号／申请号
1	一种烃油脱金属工艺	201010283025.9
2	一种烃油脱金属剂的循环使用方法	201010283241.3
3	一种优选延迟焦化加热炉出口温度的方法	201110277535.X
4	一种评价重质渣油稳定性的方法	201110231630.6
5	一种防止延迟焦化分馏塔下部结焦脱过热洗涤装置	201120503695.7
6	一种延迟焦化装置分馏塔在线洗盐的工艺方法	201110380287.1
7	一种延迟焦化装置加热炉不停工适时烧焦系统	201120525072.X
8	一种供氢热裂化方法	201010578968.4

续表

序号	专利名称	专利号/申请号
9	一种劣质重油加工的组合工艺	201010578975.4
10	延迟减黏裂化装置	201120143703.1
11	延迟减黏裂化装置	201110118039.X
12	一种优选延迟焦化加热炉出口温度的方法	201110277535.X
13	一种评价重质渣油稳定性的方法	201110231630.6
14	一种防止延迟焦化分馏塔下部结焦脱过热洗涤装置	201120503695.7
15	一种延迟焦化装置分馏塔在线洗盐的工艺方法	201110380287.1
16	一种延迟焦化装置加热炉不停工适时烧焦系统	201120525072.X
17	一种超稠油污水进行深度处理装置	200920107142.2
18	一种超稠油污水进行深度处理的方法	200910081479.5
19	劣质重油加工深度污染水生化性能调控工艺装置	201120523563.0
20	劣质重油加工污水升级达标处理工艺	201110418658.0
21	一种劣质重油污水净化与生化降解耦合装置	201120526325.5
22	一种劣质重油污水净化与生化降解耦合工艺	201110418825.1
23	一种多支化的曼尼希碱缓蚀剂及其制备方法	201110238857.3
24	曼尼希碱脱钙缓蚀剂及其制备和使用方法	201110240108.4
25	曼尼希缓蚀剂及其制备方法	201110238858.8
26	金属防腐用缓蚀中和剂及其制备方法	201110240414.8
27	处理废水中重质乳化油的方法	201010218651.X
28	一种劣质蜡油加氢处理的方法	200910236167.7
29	一种提高劣质蜡油加氢处理催化剂活性的方法	201010578980.5
30	一种脱除劣质蜡油中氮化物的方法	201010578970.1
31	一种冷冻机油基础油的制备方法	201110314562.X
32	一种降低变压器油低温流动性的方法	201010578980.5
33	一种提高变压器油抗析气性能的方法及生产变压器油的设备	201110056086.6
34	一种生产变压器油的设备	201120059860.4
35	超稠油生产道路石油沥青的装置	201120146454.1
36	超稠油生产道路石油沥青的装置和方法	201110119790.1
37	一种高芳香烃环保橡胶油的生产方法	200810223448.4
38	一种高芳香烃环保橡胶油的生产装置	200820122919.8

续表

序号	专利名称	专利号/申请号
39	一种橡胶填充油的生产装置	201020513895.6
40	一种芳香烃型橡胶填充油的生产装置	201020513899.4
41	一种环保橡胶填充油的溶剂精制设备	201120059918.5
42	一种生产环保橡胶填充油的溶剂精制设备	201120059763.5
43	一种环保橡胶填充油的生产方法	201120059617.2
44	一种生产环保橡胶填充油的溶剂精制方法和设备	201110054614.4
45	一种提高环保橡胶填充油芳香烃含量的原料优化方法	201110054612.5
46	一种生产环保橡胶填充油的溶剂精制方法和设备	201110055775.5
47	一种提高低硫沥青针入度指数 PI 值的装置	201020513893.7
48	超稠油废水的除油污方法	201110315374.9
49	一种乳化油污水气浮处理装置	201120240922.1
50	超稠油污水的气浮—生化方法及设备	201110314545.6
51	一种高钙有机废水的处理方法	201110380234.X
52	一种含乙酸盐工业有机废水的处理工艺	201110380288.6

（其宣传册和宣传片详见中国石油网站）

专家团队：蔺爱国、付兴国、谢崇亮 等

联系人：张璐瑶

E-mail：zhangluyao@petrochina.com.cn

电话：010-52777255-8809

4.3　高档润滑油技术

技术依托单位：中国石油润滑油公司。

技术内涵：4 个技术系列，14 项单项技术 / 产品，24 件专利。

技术框架：

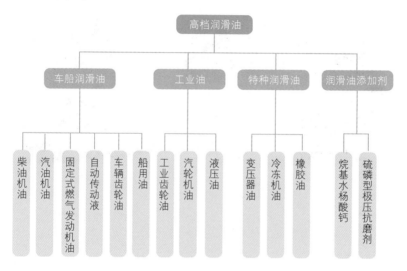

中国石油是国内最早生产润滑油的企业，建成了集生产、研发、销售、服务于一体的专业化公司，形成了四大类共 11 个系列 31 个专项的润滑油产品为代表的特色技术，涵盖了润滑油产品配方技术开发、添加剂技术开发、润滑油分析评价技术开发等多个领域，拥有世界一流水平的调合技术和完善的检测手段。

高档润滑油包括：内燃机润滑油、工业齿轮油、液压油、润滑脂、变速箱油、防冻液、刹车液、摩托车油、金属加工液、船用油、润滑油添加剂等产品，以及润滑油评定技术。

昆仑汽油机油生产线

昆仑变压器油

专利列表：

序号	发明专利名称	专利号／申请号	授权日期
1	高档汽油机油组合物	3104811	2006.01.18
2	汽油机油组合物	200610164861.9	2006.12.07
3	一种节能型发动机油添加剂组合物	200910080627.1	2009.03.20
4	一种润滑油添加剂的制备方法	96103373.8	1999.9.1
5	一种润滑油添加剂及其制备方法	1130776.5	2006.1.18
6	通用齿轮油复合剂的组合物	97112343.8	2000.11.15
7	齿轮润滑油组合物	97112340.3	1998.12.30
8	齿轮润滑油添加剂组合物	97112341.1	2000.11.15
9	一种手动变速箱油添加剂组合物	01130779.X	2004.10.27
10	一种工业齿轮油添加剂组合物	1130775.7	2005.5.25
11	一种润滑油添加剂	1130774.9	2005.5.25
12	一种齿轮润滑油添加剂组合物	1130777.3	2005.7.6
13	一种润滑油添加剂	1130778.1	2005.12.14
14	Additive composition for gearbox oil	US6774092	Aug.10.2004
15	一种复合型超高碱值金属清净剂的制备方法	CN00122002	2003.11.05
16	一种超高碱值烷基水杨酸盐的制备方法	CN00130608.1	2003.07.23
17	超高碱值烷基水杨酸钙的制备方法	CN97116375.8	2001.04.04
18	一种润滑油添加剂的制备方法	CN95115487.7	1999.06.23
19	一种润滑油添加剂的制备方法	CN95117936.5	1999.03.31
20	一种烷基水杨酸盐添加剂的制备方法	CN94106384.4	1997.02.05
21	一种烷基水杨酸盐润滑油添加剂	CN94106385.2	1999.09.15
22	复合金属型润滑油清净剂的制备方法	CN02104392.2	2004.04.28
23	液压油干／湿相磨损性能模拟评定台架	ZL2006 2 0092702.8	2007.08.15
24	液压油节能测试台架	200920107873.7	2010.02.03

　　高档润滑油销售网络基本上遍布全国，产品畅销全国各地，并远销海外。中国石油拥有专业的服务团队，可随时随地为客户提供及时、完善的服务。

（其宣传册和宣传片详见中国石油网站）

专家团队：伏喜胜、王泽恩、李韶辉 等

联系人：武玉玲

E-mail：wuyuling_rhy@petrochina.com.cn

联系电话：010-63592267

4.4 国IV标准清洁汽油生产技术

技术依托单位：中国石油大连石化公司。

技术内涵：5个技术系列，14项单项技术，14件专利。

技术框架：

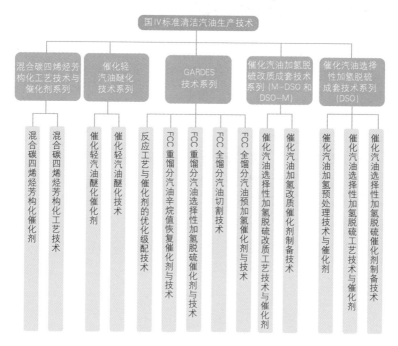

中国大中型城市大气污染程度持续恶化，提高机动车燃油质量是减少机动车污染物排放的最有效手段。车用汽油质量标准正在向低硫、低烯烃和高辛烷值的方向发展，北京市在2007年率先实施了京IV清洁汽油标准，国IV清洁汽油标准也于2014年实施。

根据全球炼油业务发展趋势及国内炼厂需求，中国石油致力于清洁汽油生产技术与催化剂的研发，现已形成多种系列技术，研制了多种型号、多种规格的系列催化剂。

生产现场

系列催化剂样品

具有自主知识产权的催化汽油选择性加氢脱硫成套技术（DSO）和催化汽油加氢脱硫改质成套技术（GARDES，M–DSO 和 DSO–M）解决了汽油加氢脱硫与辛烷值损失之间的矛盾，可直接生产出满足国Ⅳ标准的清洁汽油。其中，高辛烷值组分生产技术，主要包括催化轻汽油醚化技术和混合碳四芳构化工艺技术，可在提高炼化企业综合效益的同时，缓解我国高辛烷值汽油组分不足的供需矛盾。

国Ⅳ标准清洁汽油生产技术涵盖催化新材料合成、催化剂制备工艺、催化剂产品和工艺等技术系列，为汽油质量升级提供了有力的技术保障，具有巨大的社会效益和经济效益。现已成功应用于玉门炼化总厂、乌鲁木齐石化公司、大连石化公司、金澳科技（湖北）化工公司、浙江美福石油化工公司等。

专利列表：

DSO，M–DSO 和 DSO–M 技术专利

序号	专利名称	类型	专利号	状态
1	一种生产高辛烷值汽油的方法	发明	ZL200710176984.9	授权
2	一种含 L 分子筛催化裂化汽油选择性加氢脱硫改质催化剂	发明	ZL200910085754.0	授权
3	一种汽油选择性加氢脱硫催化剂的制备和应用	发明	ZL201010252648.X	授权

GARDES 技术专利

序号	专利名称	类型	专利号	状态
1	一种 SAPO—11 分子筛的制备方法	发明	ZL 200910080107.0	授权
2	SAPO—11 分子筛及 SAPO—11 分子筛基催化剂的制备方法	发明	ZL 200910080106.6	授权
3	综合改性 HZSM-5 沸石催化剂及其制备方法和用途	发明	ZL 200610083283.6	授权
4	组合氧化铝基选择性加氢脱硫催化剂及其制备方法	发明	ZL 200710177578.4	授权
5	含有介孔分子筛的选择性加氢脱硫催化剂及其制备方法	发明	ZL 200710177579.9	授权
6	负载型单金属加氢催化剂的水热沉积制备方法	发明	ZL 20071098995.X	授权

催化轻汽油醚化技术专利

序号	专利名称	类型	专利号	状态
1	一种汽油双烯选择性加氢催化剂的制备方法	发明	ZL200510090475.5	授权
2	二烯选择性加氢催化剂及其制备方法	发明	ZL200610072630.5	授权
3	一种轻汽油醚化工艺及含该工艺的催化裂化汽油改质方法	发明	ZL200710064669.7	授权

混合碳四烯烃芳构化工艺技术与催化剂专利

序号	专利名称	类型	专利号/申请号	状态
1	一种碳四液化石油气芳构化的催化剂及其制备方法	发明	ZL200410050202.3	授权
2	带压气体采样分布器	实用新型	ZL2010201090110	授权

（其宣传册和宣传片详见中国石油网站）

专家团队：蔺爱国、兰玲、鲍晓军　等

联系人：袁景利

E—mail：yuanjl_dl@petrochina.com.cn

电话：0411—86774789

4.5 ABS 树脂成套技术

技术依托单位：中国石油大庆石化公司、中国石油吉林石化公司。

技术内涵：3 个技术系列，16 项单项技术 / 产品，33 件专利。

技术框架：

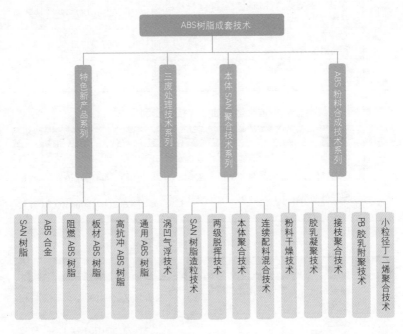

ABS 树脂是丙烯腈（Acrylonitrile）、1,3- 丁二烯（Butadiene）、苯乙烯（Styrene）三种单体的接枝共聚物。它具有良好尺寸稳定性，突出的耐冲击性、耐热性、介电性、耐磨性，表面光泽性好，易涂装和着色等优点。适用于家用电器制品，如电视机外壳、冰箱内衬、吸尘器等，以及仪表、电话、汽车工业用塑料制品。

板材 ABS 树脂

ABS 树脂成套技术包括：ABS 粉料合成技术、本体 SAN 聚合技术、三废处理技术三大技术系列，以及通用 ABS 树脂、高抗冲 ABS 树脂、板材 ABS 树脂、阻燃 ABS 树脂、ABS 合金、SAN 树脂六大系列的特色新产品。

自主知识产权的乳液接枝——本体 SAN 掺混法成套技术，实现了两步法合成大粒径胶乳与高胶接枝聚合的有机结合，突破快速聚合反应速度与粒径控制矛盾、高转化率与凝胶含量矛盾，可使生产效率在同类装置上提高 2 ～ 3 倍。

PA/ABS 合金应用

中国石油已成为 ABS 树脂行业重要的生产商和技术服务商，具有国内一流科研研究队伍，装备先进树脂合成实验室，在 ABS 树脂生产技术、新产品开发等领域积累了丰富的经验，取得了丰硕的成果。

专利列表（部分）：

序号	专利名称	专利类型	专利号/申请号
1	一种附聚后聚丁二烯胶乳与苯乙烯和丙烯腈的聚合方法	发明	ZL200410070448.7
2	一种小粒径聚丁二烯胶乳的制备方法	发明	ZL200410080805.8
3	一种制备小粒径聚丁二烯胶乳的反应温度控制方法	发明	ZL200410080804.3
4	一种用于接枝后 ABS 胶乳凝聚成粉的方法	发明	ZL200510066111.3
5	ABS 粉料的氮气干燥装置	实用新型	ZL01227172.1
6	一种小粒径聚丁二烯胶乳的制备方法	发明	ZL200610112429.5

（其宣传册和宣传片详见中国石油网站）

专家团队：黄立本、李义章、王景兴 等

联系人：赵万臣

E-mail：zhaowc-ds@petrochina.com.cn

联系电话：0459-6705262

4.6 乳聚丁苯橡胶生产技术

技术依托单位：中国石油吉林石化公司、中国石油兰州石化公司。

技术内涵：4 个技术系列，10 项特色技术，9 项技术秘密。

技术框架：

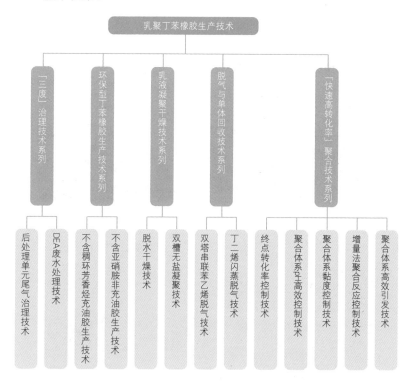

乳聚丁苯橡胶是丁二烯和苯乙烯经低温乳液聚合生产的一种产量最大的通用合成橡胶，具有弹性好、强度高、耐磨性好、耐龟裂、抗湿滑等特性，广泛应用于轮胎、鞋类、汽车零部件、胶管、运输带等各种橡胶制品领域。

　　中国石油自1960年起开始开展乳液聚合丁苯橡胶的生产与研究，现已形成了具有国内领先水平、独具特色的"快速高转化率"低温乳液聚合丁苯橡胶生产技术。该技术具有反应时间短、聚合转化率高、体系黏度低、聚合稳定性好、助剂消耗低、凝胶含量少、产品性能好等特点；同时，还具有工艺技术成熟、生产运行稳定、单线产能大、运行周期长、控制先进、安全环保等特点，可以保证装置安全、稳定、长周期、满负荷、优化运行。

乳聚丁苯橡胶生产线

丁苯橡胶生产装置产品包装线

"快速高转化率"低温乳液聚合生产技术生产的丁苯橡胶综合性能好，产品质量达到国际先进水平，远销海内外。该技术已成功应用于吉林石化公司、兰州石化公司、抚顺石化公司，使其生产能力和质量得到大幅度提升。

（其宣传册和宣传片详见中国石油网站）

专家团队：李崇杰、陆书来、李铁 等

联系人：张伟

E-mail：Jh_zhangw@petrochina.com.cn

联系电话：0432-639900537

4.7 百万吨级精对苯二甲酸 (PTA) 成套技术

技术依托单位：中国昆仑工程有限公司。
技术内涵：3 个技术系列，28 项特色技术，22 件专利。
技术框架：

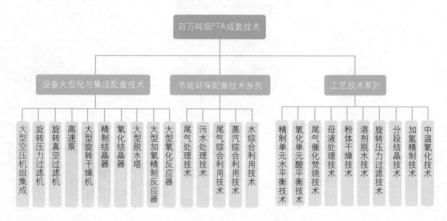

精对苯二甲酸（PTA）是重要的大宗化工原料之一，主要用途是生产聚酯类产品 (包括纤维、薄膜和瓶等)，广泛用于化学纤维、轻工、电子、建筑等国民经济的各个方面，与人民生活密切相关。

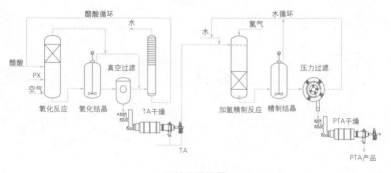

工艺流程简图

百万吨级 PTA 成套技术在氧化、结晶、溶剂回收、尾气及副产蒸汽的综合利用、废水处理、催化剂的回收等方面具有独特的技术特点。PTA 成套技术包括工艺、节能环保配套和装备三大系列，共28 项特色技术，如中温中压氧化工艺技术、鼓泡塔式氧化反应器技术、分段结晶技术、旋转压力过滤技术、粉体干燥技术、母液处理技术、水综合利用技术、能量综合利用技术、污水处理技术、尾气处理技术等。各单项技术不仅适用于 PTA 项目，也可用于类似 PTA 产品的生产过程。

生产现场

中国石油开发的百万吨级 PTA 成套技术已在国内多家企业得到应用，已建、在建 PTA 工程已达 6 项，如重庆蓬威石化公司和绍兴远东石化公司，总产能达到近 $800 \times 10^4 t/a$。

专利列表：

序号	专利名称	专利类型	专利号／申请号
1	一种生产对苯二甲酸用的气升式外循环鼓泡塔氧化装置	发明	ZL03142246.2
2	用于生产对苯二甲酸的气升式外循环鼓泡塔氧化装置	实用新型	ZL03209727.1
3	对苯二甲酸的分离提纯方法及其装置	发明	200710108238.6
4	一种分离提纯对苯二甲酸的新方法	发明	200719110271.2
5	PTA 装置反应尾气催化氧化处理及能量综合利用系统	发明	200810057722.5

序号	专利名称	专利类型	专利号/申请号
6	PTA 装置精制母液回收方法和系统	发明	ZL200810103270.X
7	高效回收利用 PTA 装置精制母液的简易方法和系统	发明	200810238996.4
8	生产对苯二甲酸的 PX 氧化反应器	发明	ZL200910076703.1
9	PTA 装置精制母液回收系统	实用新型	200920106089.4
10	高效回收利用 PTA 装置精制母液的简易系统	实用新型	200920106088.X
11	生产对苯二甲酸的 PX 氧化反应器	实用新型	200920106087.5
12	精对苯二甲酸制备中 TA 分离过滤的方法及系统	发明	200910090509.9
13	精对苯二甲酸装置精制单元氢气回收方法及装置	发明	200910090510.1
14	精对苯二甲酸装置精制单元氢气回收装置	实用新型	200920173002.5
15	有机酸性废水处理方法与系统	实用新型	200920173004.4
16	精对苯二甲酸制备中 TA 分离过滤的系统	实用新型	200920173001.0
17	对二甲苯氧化结晶装置	发明	201010160611.4
18	对二甲苯氧化结晶装置	实用新型	201020176237.2
19	精对苯二甲酸装置制备中 TA 分离过滤的方法及系统	发明	PCT/CN2009/075363
20	高效回收利用 PTA 装置精制母液的简易方法和系统	发明	PCT/CN2009/075352
21	精对苯二甲酸装置精制单元氢气回收方法及装置	发明	PCT/CN2009/075361
22	生产对苯二甲酸的 PX 氧化反应器	发明	PCT/CN2009/075384

（其宣传册和宣传片详见中国石油网站）

专家团队：罗文德、阚学诚、李利军 等

联系人：张俊宏

E—mail：zhangjunhong01@cnpc.com.cn

电话：010—68395295

4.8　高品质共聚单体己烯 –1 生产成套技术

技术依托单位：中国石油石油化工研究院大庆中心。

技术内涵：3 个技术系列，8 项特色技术，6 件专利。

技术框架：

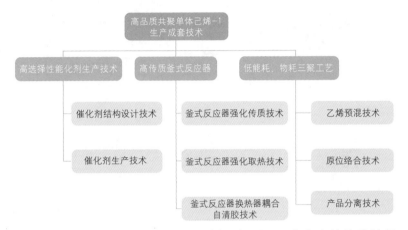

己烯 –1 是一种重要的化工原料，主要用于生产高性能线性低密度聚乙烯和高密度聚乙烯，能够显著提高聚乙烯树脂的性能及附加值。

中国石油经过不懈努力完成了从试验室研究到工业化的转化，取得了技术上的重大突破，形成了集催化剂、设备、工艺于一体的成套技术，核心技术达到国际先进水平，已形成"万吨级己烯 –1 生产成套技术工艺包"1 套，具有完全自主知识产权，获得 6 项中国发明专利、3 项技术秘密和 2 项企业标准。

高品质共聚单体己烯 –1 生产成套技术已在国内获得成功应用，装置一次性开车成功，实现"安稳长满优"运转，生产的己烯 –1 产品质量优良，满足下游不同系列聚乙烯催化剂的技术要求，共聚产品性能稳定，得到客户的一致好评。

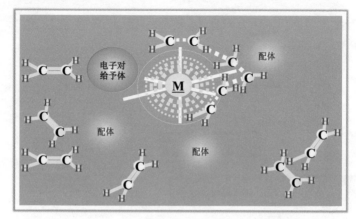

高选择性催化剂

大庆石化 5000t/a 己烯 -1 装置

专利列表：

序号	专利名称	专利类型	专利号／申请号
1	一种在乙烯齐聚催化剂体系存在下制备1-己烯的方法	发明	ZL03153517
2	一种在乙烯齐聚催化剂体系存在下制备1-己烯的新方法	发明	ZL03153509
3	一种乙烯齐聚制1-己烯的催化剂	发明	ZL00107545.4
4	制备己烯-1催化剂的多功能反应器	发明	ZL201120478346.4
5	一种用于乙烯三聚合成己烯-1的催化剂及其应用	发明	ZL200910243233.3
6	一种1-己烯合成反应釜	发明	ZL 2012020606140.9

（其宣传册和宣传片详见中国石油网站）

专家团队：王刚、王斯晗、凌人志 等

联系人：王秀绘

E-mail：wangxh459@petrochina.com.cn

电话：0459-6743865

4.9 常减压蒸馏装置工业化成套技术

技术依托单位：中国石油工程建设有限公司华东设计分公司。

技术内涵：4 个技术系列，7 项特色技术，25 件专利。

技术框架：

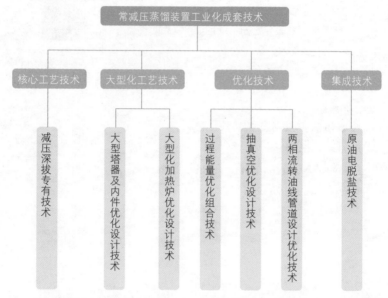

常减压蒸馏装置是炼油厂加工原油的第一个工序，是炼厂里的"龙头"装置，为下游二次加工装置提供原料，其加工能力代表炼厂的加工规模，直接影响下游二次加工装置和全厂的生产状况，举足轻重。

中国石油的原油常减压蒸馏装置工业化成套技术包括过程能量优化组合成套技术、减压深拔成套技术、原油电脱盐成套技术、大型塔器及内件优化设计技术、抽真空优化设计成套技术等多个特色成套技术，拥有专利 20 余项，并在国内外 40 余家炼油企业中成功应用。

大型化减压炉

中国石油的专家队伍能够为客户提供工程设计和一流的服务，以及经济、安全、环境友好型的具国际水平的工程设计。

专利列表：

序号	专利名称	专利类型	申请号 / 专利号
1	隔板式原油电脱盐脱水设备	实用新型	ZL201120436206.0
2	防止常减压蒸馏装置换热网络中的换热器及管线振动的设备	实用新型	ZL201120503692.3
3	圆筒形管式加热炉中间炉管座吊组合结构	实用新型	ZL200520084780.9
4	小处理量丁烷脱沥青装置沥青加热炉	实用新型	ZL200720190562.2
5	一种双圆筒辐射室加热炉	实用新型	ZL201120018908.7

续表

序号	专利名称	专利类型	申请号/专利号
6	一种单排单面双辐射窝管减压深拔减压炉	实用新型	ZL201120018906.8
7	设有导流板的加热炉	实用新型	ZL201120272933.8
8	双阶梯双面辐射管式加热炉	实用新型	ZL201120274457.3
9	炼油装置加热炉烟气取样口	实用新型	ZL201120430801.3
10	炼油装置加热炉竖直炉管定位套管	实用新型	ZL201120430710.X
11	顶烧U形管箱式加热炉	实用新型	ZL201120430713.3
12	炼油装置加热炉用偏心异径带法兰集合管	实用新型	ZL201120431043.7
13	一种加热炉炉管吊架	实用新型	ZL201320101169.7
14	一种大型容器底封头与裙座的焊接构件	发明	ZL200310121385.9
15	外部可调焊接密封高压换热器	实用新型	ZL200720169438.8
16	换热器用挠性焊接密封环	实用新型	ZL200920222890.5
17	挠性密封丝堵	实用新型	ZL201220024285.9
18	一种螺旋扭曲扁管换热器	实用新型	ZL201120476306.6
19	螺旋折流板换热器用折面折流板	实用新型	ZL201020176895.1
20	用于分馏塔的抗堵塞液体分布器	实用新型	ZL201220484159.1
21	支撑梁	实用新型	ZL201220704905.3
22	用于分馏塔的抗堵塞液体分布器	实用新型	CN201220484159
23	一种隔板式电脱盐、脱水设备的隔板	实用新型	CN201110033151
24	支撑梁	实用新型	CN201220704905
25	一种防止常减压蒸馏装置换热网络中的换热器及管线振动的设备	实用新型	CN201120503692

（其宣传册和宣传片详见中国石油网站）

专家团队：董福春、刘登峰、韩冰 等

联系人：范振鲁

E-mail：fanzhenlu@cnpccei.cn

电话：0532-80950766

4.10　催化裂化装置工业化成套技术

技术依托单位：中国石油工程建设有限公司华东设计分公司。

技术内涵：4 个技术系列，8 项特色技术，12 件专利。

技术框架：

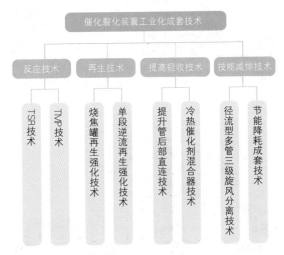

催化裂化装置是炼油厂最核心的装置之一，尤其在我国，催化裂化能力约占一次总加工能力的 40%。我国约 70% 的汽油、30% 的柴油和 30% 的丙烯均来自催化裂化装置，因此催化裂化工艺是重油轻质化的重要手段之一。

中国石油特有的研发、设计、生产相结合的催化裂化装置工业化成套技术体系，拥有十几项专利和技术秘密。其中代表性技术有：两段提升管催化裂化 TSR 技术、两段提升管催化裂解多产丙烯 TMP 技术、再生技术和节能减排技术等。这些技术具有原料适应性广、轻油收率高、产品指标好、能耗低和污染物排放少等优势。

生产装置图

本项技术已在大庆石化公司、庆阳石化公司、锦西石化公司等二十几项催化裂化装置中得到了推广应用，并取得了良好效果。

专利列表：

序号	专利名称	专利类型	专利号/申请号
1	组合式旋风分离过滤器	实用新型	ZL92238282.4
2	再生器燃烧油喷嘴	实用新型	ZL01200325.5
3	新型油浆蒸汽发生器	实用新型	ZL200420098135.8
4	一种重油生产丙烯装置	实用新型	ZL201020597213.4
5	一种催化裂化分馏塔内油浆过滤分离设备	实用新型	ZL201120503564.9

序号	专利名称	专利类型	专利号／申请号
6	一种改进的催化裂化催化剂两段再生方法及设备	发明	ZL201010279631.3
7	输送床层反应提升器	实用新型	ZL200820109735.8
8	自然循环余热锅炉	实用新型	ZL201120430712.9
9	一种甲醇制烯烃的装置及其方法	发明	201310154367.4
10	一种烷烃脱氢制烯烃的方法	发明	201210179765.7
11	一种适用于多段提升管反应器的新型防结焦旋风分离器系统	实用新型	201320346184.8
12	一种催化裂化汽油分成轻重汽油的简易分离方法	发明	201210097557.2

（其宣传册和宣传片详见中国石油网站）

专家团队：郝希仁、谢恪谦、夏志远 等

联系人：张星

E-mail：zhangxing@cnpccei.cn

电话：0532-80950686

4.11 延迟焦化装置工业化成套技术

技术依托单位：中国石油工程建设有限公司华东设计分公司。

技术内涵：4 个技术系列，13 项特色技术，17 件专利。

技术框架：

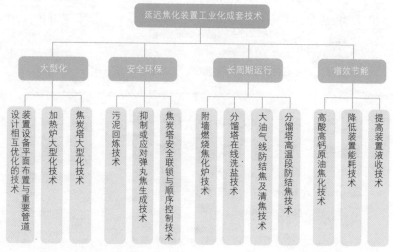

延迟焦化作为渣油等劣质重油加工的重要工艺，具有对原料适应性强、技术成熟、投资和加工费用低、可增产高品质柴油馏分、提高柴油/汽油比等优势，特别是在加工高金属含量、高残炭的劣质重油时，成为炼厂首选的渣油加工技术。

延迟焦化反应适用自由基链反应机理，主要为裂解和缩合反应，加热炉提供反应热，在焦炭塔内完成反应。延迟焦化装置主要由反应、分馏、吸收稳定及冷切焦水等部分组成，主要工艺过程如下：换热后的原料油与循环油混合进入加热炉，在炉管内快速升温至 500℃ 左右进入焦炭塔内反应，生成的石油焦积聚在焦炭塔内，通过水力除焦系统进行处理，油气经分馏系统、吸收稳定系统分离出蜡油、柴油、汽油及 LPG 等中间产品，并副产干气。

中国石油通过集成开发和自主研发，形成了具有自主知识产权的延迟焦化装置工业化成套技术。本成套技术在增效节能、长周期运行、安全环保、大型化等方面拥有专利10余项，形成了13项特色技术，并成功应用于苏丹、独山子、抚顺、辽河等国内外10多家石油炼化公司，实现了装置安全、平稳、长周期运行。与常规焦化技术相比，装置的液收率提高2%，能耗降低 1～2kg 标准油 /t 原料，连续运行周期可达到 3～5 年，加热炉热效率达到 92% 以上。

专利列表：

序号	专利名称	专利类型	专利号/申请号
1	一种大型容器底封头与裙座的焊接构件	发明	ZL200310121385.9
2	设有导流板的加热炉	实用新型	ZL201120272933.8
3	双阶梯双面辐射管式加热炉	实用新型	ZL201120274457.3
4	对称双阶梯管式辐射炉	实用新型	ZL201120503562.X
5	宽火焰扁平附墙低氮氧化物节能型气体燃烧器	实用新型	ZL201120475572.7
6	一种延迟焦化装置加热炉不停工适时烧焦系统	实用新型	ZL201120525072.X
7	一种防止延迟焦化分馏塔下部结焦的脱过热洗涤装置	实用新型	ZL201120503695.7
8	延迟焦化电动水龙头	实用新型	ZL201220024653.X
9	自动除焦器	实用新型	ZL201220022985.4
10	除焦控制阀	实用新型	ZL201220023012.2
11	底烧式梯形加热炉	实用新型	ZL201220177430.7
12	炼油加热炉用中间火墙	实用新型	ZL201220178052.4
13	加热炉管吊架	实用新型	ZL201320101169.7
14	一种防止延迟焦化分馏塔高温段集油箱结焦的方法	发明	201210250679.0
15	一种延迟焦化装置加工多种类原料的不停产切换方法	发明	201210250292.5

续表

序号	专利名称	专利类型	专利号 / 申请号
16	一种可有效防止延迟焦化放空系统空冷器和水冷器挂蜡的改进流程	发明	201210313936.0
17	一种延迟焦化吹汽放空冷却系统及其应用	发明	201310520929.2

（其宣传册和宣传片详见中国石油网站）

专家团队：谢崇亮、范海玲、毕治国 等

联系人：毕治国

E－mail：bizhiguo@cnpccei.cn

电话：0532－80950713

4.12　FDS-1柴油加氢催化剂

技术依托单位：中国石油大港石化公司。

技术内涵：2个技术系列，4项特色技术，3件专利。

技术框架：

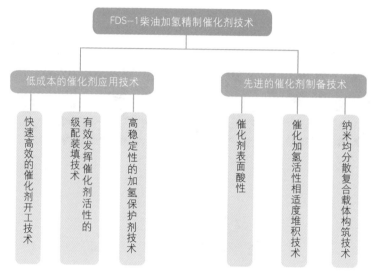

随着我国加工原油的劣质化，柴油组分也呈劣质化趋势，劣质柴油加工需求不断增加。加氢技术是生产清洁柴油的最有效手段，高性能、低成本催化剂是实现高效加氢过程和企业效益最大化的关键。基于精细脱硫理念，针对劣质柴油的加工，经过10多年的研究，在催化剂载体及催化剂制备技术上取得了突破性进展，并成功研制了新一代劣质柴油加氢精制催化剂FDS-1，包括先进的催化剂制备技术、低成本的催化剂应用技术。2009年进行了工业化试验并通过检验，产品质量达到了国Ⅴ清洁柴油的要求。

中国石油以FDS-1催化剂为核心，以用户应用需求为导向，研发了快速简便的开工工艺、显著抑制催化剂床层压降升高的高稳定性保护剂技术、最大化发挥催化剂效能的级配装填技术等，为用户提供专业的成套催化剂工业应用解决方案，从而延长装置正常运行周期，使用户催化剂的开工成本和运行成本大幅度降低，最大限度地节约了企业的生产成本。

生产现场

催化剂样品

2009 年在中国石油大港石化公司 50×10^4t/a 柴油加氢装置上首次工业应用，产品可达国 V 清洁柴油标准。在建项目包括长庆石化公司 80×10^4t/a 柴油加氢装置和中国石油大学（华东）胜华炼厂 2 套 120×10^4t/a 柴油加氢装置。

专利列表：

序号	专利名称	专利号／申请号
1	用于中间馏分油深度加氢处理的含分子筛催化剂及其制备方法	ZL03148499.9
2	一种馏分油深度加氢处理的催化剂及其制备方法	ZL03148495.6
3	一种馏分油深度加氢精制的催化剂及其制备方法	ZL03148494.8

（其宣传册和宣传片详见中国石油网站）

专家团队：刘晨光、付兴国、刘华林 等

联系人：靳海燕

E-mail：jinhy@petrochina.com.cn

电话：022-25924131

4.13　PHF−101柴油加氢精制催化剂

技术依托单位：中国石油石油化工研究院大庆中心。

技术内涵：2个技术系列，7项特色技术，8件专利，1项技术秘密。

技术框架：

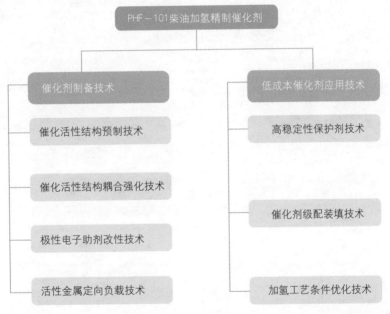

加氢技术是生产清洁柴油的最有效手段，高性能、低成本催化剂是实现高效加氢过程的关键。

中国石油开发出的PHF−101柴油加氢精制催化剂，加氢脱硫性能突出、原料适应性强、液体收率高、活性稳定，适用于直馏柴油、二次加工柴油以及直馏柴油和二次加工柴油混合油的加氢精制过程。PHF−101柴油加氢精制催化剂先后在大庆石化公司120×10^{4}t/a和乌鲁木齐石化公司200×10^{4}t/a柴油加氢精制装置应用，工业运行数据显示，PHF-101催化剂完全满足装置国IV、国V清洁柴油生产的技术需求。

生产现场

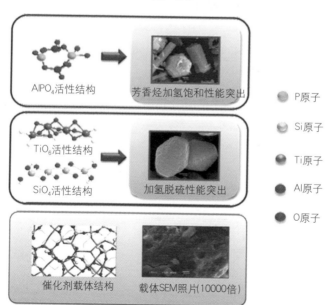

AlPO₄活性结构 → 芳香烃加氢饱和性能突出

TiO₆活性结构

SiO₄活性结构 → 加氢脱硫性能突出

催化剂载体结构　载体SEM照片(10000倍)

● P原子
● Si原子
● Ti原子
● Al原子
● O原子

发明专利：

序号	专利名称	专利类型	专利号／申请号
1	一种含磷铝分子筛的加氢脱芳催化剂	发明	ZL200410091492.6
2	一种含分子筛的加氢脱硫催化剂	发明	ZL200410091490.7
3	一种柴油芳香烃饱和加氢催化剂及其应用	发明	ZL200610091158.X
4	芳香烃饱和加氢催化剂及其制备方法	发明	ZL200610091159.4
5	一种大比表面积的 $\gamma-Al_2O_3$ 材料及其制备方法	发明	ZL200710064671.4
6	一种原位分解法制备加氢精制催化剂的方法	发明	ZL200810114135.5
7	一种催化柴油加氢脱芳香烃的方法	发明	ZL200810116715.8
8	一种加氢精制催化剂及其制备方法	发明	ZL001302841

（其宣传册和宣传片详见中国石油网站）

专家团队：胡长禄、王刚、张志华 等

联系人：王丹

E－mail：wangdan459@petrochina.com.cn

电话：0459－6411031

4.14 LY 系列裂解汽油加氢催化剂

技术依托单位：中国石油石油化工研究院兰州中心。

技术内涵：2 个技术系列，5 项特色技术，36 件专利，9 项技术秘密。

技术框架：

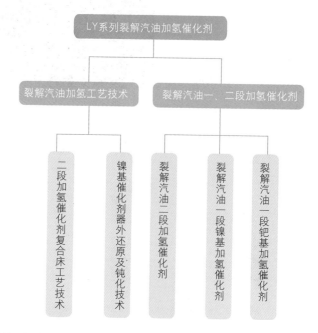

裂解汽油是蒸汽裂解制乙烯的重要副产物，约占乙烯生产能力 50% ~ 80%（质量分数），经两段加氢可作为芳香烃抽提原料。裂解汽油加氢指在催化剂作用下，通过一段加氢将二烯烃与链烯基芳香烃选择加氢生成单烯烃和烷基芳香烃；然后进行二段加氢将单烯烃加氢饱和并脱除硫杂质，生产适合芳香烃抽提的加氢汽油。

中国石油 LY 系列裂解汽油加氢催化剂开发始于 20 世纪 60 年代，是国内最早从事该领域的研发机构，70 年代首次实现催化剂国产化。目前已形成在选择性、抗杂质中毒性能、稳定性等方面具有特色的三种类型七个牌号催化剂，主打牌号为 LY−9801D、LY−2008、LY−9802。涵盖催化新材料合成、催化剂制备工艺开发、催化剂产品技术和加氢反应工艺技术等多个领域。

典型理化性质指标	
外观	浅褐色三叶草条
Pd 的质量分数 (%)	0.280 ~ 0.350
外径 (mm)	2.5 ~ 3.5
堆密度 (g/mL)	0.55 ~ 0.70
径向抗压碎力 (N/cm)	≥ 70

裂解汽油一段钯基加氢催化剂

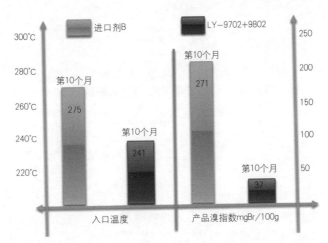

催化剂使用第 10 个月时与进口剂同期运转情况对比

　　中国石油拥有 100 多名裂解汽油加氢催化剂研发、生产、售后服务方面的专业化人才，可提供裂解汽油加氢相关的各项技术支持。拥有国内外发明专利 30 余项，整体技术达到国际先进水平，特色技术与产品在国内 40 余套装置得到成功应用。

专利列表：

序号	专利名称	专利号/申请号
1	Selective hydrogenation catalyst for pyrolysis gasoline	US6576586
2	A selective hydrogenation catalyst and the preparation thereof	US8211823B2
3	A selective hydrogenation catalyst for pyrolysis gasoline	MY−128461−A
4	A selective hydrogenation catalyst and the preparation thereof	SG161662
5	A selective nickel based hydrogenation catalyst and the preparation thereof	GB2467086
6	A selective nickel based hydrogenation catalyst and the preparation thereof	SG160867
7	A selective hydrogenation catalyst and the preparation thereof	JP 2011506068A
8	A selective nickel based hydrogenation catalyst and the preparation thereof	JP 5357170B2
9	A selective hydrogenation catalyst and the preparation thereof	MYPI 2010002160
10	加氢精制催化剂	PCT/CN2010/000417
11	一种加氢精制催化剂制备方法	PCT/CN2010/000418
12	一种用于裂解汽油一段选择性加氢的催化剂	ZL91109503.9
13	裂解汽油选择性加氢催化剂	ZL00101797.7
14	一种选择性镍系加氢催化剂及其制备方法及应用	ZL200610000172.4
15	一种加氢精制催化剂及其制备方法及应用	ZL200610064905.0
16	一种选择性镍系加氢催化剂及其制备方法	ZL200710176670.9
17	一种选择性加氢催化剂及其制备方法	ZL200710179443.1
18	裂解汽油馏分一段选择性加氢方法	ZL200810102240.7
19	全馏分裂解汽油双烯烃选择性加氢方法	ZL200810102242.6
20	高分散镍催化剂及其制备方法和应用	ZL200910084540.1
21	一种镍基加氢催化剂的预处理方法	ZL200910079181.0
22	一种含无定形硅铝的拟薄水铝石及其制备方法	ZL201010106266.6
23	一种加氢精制催化剂制备方法	ZL201010114295.7

续表

序号	专利名称	专利号/申请号
24	加氢精制催化剂	ZL201010114256.7
25	加氢精制催化剂及制备方法	ZL201110191280.5
26	一种加氢精制催化剂及其制备方法	ZL201110191189.3
27	一种选择性加氢催化剂及其制备方法	ZL201010106259.6
28	一种钯系催化剂的还原方法	201110133334.2
29	一种馏分油的加氢精制方法	201110191247.2
30	一种中低馏分油的加氢精制方法	201110191283.9
31	一种双烯选择性加氢催化剂及制备方法	201110044513.9
32	一种镍基加氢催化剂及其制备方法	201110267117.2
33	一种镍基加氢催化剂及其制备方法和催化剂的还原、再生方法	201110267252.7
34	一种汽油的选择性加氢方法	201210322247.6
35	一种选择性镍基加氢催化剂及其制备方法	201210322246.1
36	一种裂解汽油加氢催化剂及其制备方法	201310585233.8

（其宣传册和宣传片详见中国石油网站）

专家团队：梁顺琴、颉伟、张忠东 等

联系人：马好文

E-mail：mahaowen@petrochina.com.cn

电话：0931-7982787

4.15　高性能碳纤维

技术依托单位：中国石油吉林石化公司、中国昆仑工程有限公司。

技术内涵：21 件专利，19 项技术秘密。

技术框架：

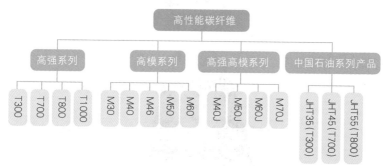

碳纤维是指含碳量达到 90% 以上的无机高分子纤维，兼具碳材料固有和纺织纤维的柔软可加工性。碳纤维与各种基体复合制得的复合材料具有高比强度、高比模量、耐高温、热膨胀系数小等优异性能。

碳纤维树脂复合材料抗拉强度一般都在 3500MPa 以上，是钢的 7 ~ 9 倍，比强度即材料的强度与其密度之比可达到 2000MPa/(g/cm³) 以上，是 A3 钢的 33 倍。中国石油拥有碳纤维及原丝生产规程和质量控制体系、先进的分析实验室，建立了原料、中控、产品的分析标准，具有较强碳纤维产品研发能力。

中国石油碳纤维系列产品包括：JHT35（T300）、JHT45（T700）、JHT55（T800）。

碳纤维布

碳纤维原丝

专利列表：

序号	专利名称	专利号 / 申请号
1	碳纤维用聚丙烯腈原丝纺丝液脱泡釜	ZL200910238553.X
2	碳纤维用聚丙烯腈原丝纺丝液板框过滤器清洗系统	200910238554.4
3	碳化炉出口碳纤维冷却处理方法	200910238555.9
4	碳纤维用聚丙烯腈原丝碳化预浸处理的方法及装置	200910238556.3
5	碳纤维生产过程中废气的焚烧处理方法及装置	200910238557.8
6	碳纤维用聚丙烯腈原丝纺丝液间歇式聚合釜	ZL200910238558.2
7	一种碳纤维表面阳极电解氧化处理装置	200910238559.7

序号	专利名称	专利号/申请号
8	碳纤维用聚丙烯腈原丝湿法纺丝凝固成型系统	ZL200910238560.X
9	聚丙烯腈原丝保压蒸汽牵伸装置及密封方法	200910238562.9
10	生产碳纤维用聚丙烯腈原丝水洗方法及装置	200910238561.4
11	碳纤维用聚丙烯腈纤维的制备方法	200410087319.9
12	一种制备高性能碳纤维用 PAN 原丝干喷湿纺喷丝板	2011101475860
13	碳纤维生产中的纤维穿过低温碳化炉的方法和牵引器	ZL201120293791.3
14	碳纤维生产中的纤维穿过氧化炉的快速分丝方法	ZL201120293735.X
15	一种新型碳纤维表面处理方法	201010246016.2
16	碳纤维阳极电解氧化槽石墨导辊的清洗装置	ZL201020513925.3
17	碳纤维电解槽的耐腐蚀不锈钢导辊	ZL201120038304.9
18	预氧化炉用保温炉头	201020570802.3
19	一种高效纤维线密度测试取样器	ZL200920277710.3
20	丙烯腈聚合引发剂加料管	201220380297.5
21	聚丙烯腈原丝凝固浴循环稳流装置	201220366067.3

（其宣传册和宣传片详见中国石油网站）

专家团队：蔡小平、刘中强、田振生 等

联系人：孙浩

E-mail：jh_sunhao@petrochina.com.cn

电话：0432-63970067

4.16　焦化塔底阀

技术依托单位：中国石油渤海装备制造有限公司。

技术内涵：5 个技术系列，14 特色技术，2 件专利。

技术框架：

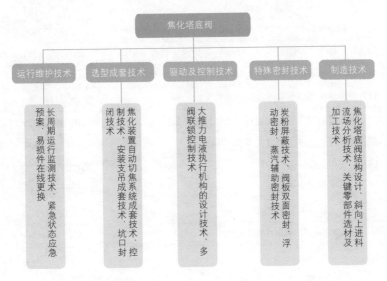

焦化塔底阀是延迟焦化装置关键设备，用于焦化塔底部的除焦控制。焦化塔底阀及其相关设施是焦化工业的一次革命，已成为国内延迟焦化装置设计的新标准。

中国石油依据延迟焦化装置的工艺特点，自主研发的一种平板闸阀式全自动底盖机——JHF1500 系列焦化塔底阀。采用浮动金属硬密封加蒸汽辅助密封技术，适合含固流体、高低温交变的工艺场合，保证介质零泄漏，避免火灾隐患。采用大功率电液执行机构，实现了全方位安全操作联锁控制，确保控制精准可靠；且整体重量较国外同类产品重量减少三分之一以上，安装、维护方便。

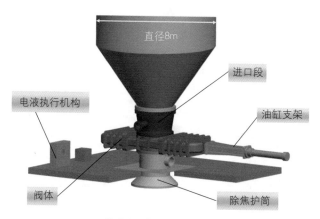

直径8m

进口段

电液执行机构

油缸支架

阀体

除焦护筒

焦化塔底阀结构示意图

本产品可完全替代进口，取代落后的塔底盲盖及辅助装置塔底盖机。延迟焦化装置配置焦化塔底阀后，可提高装置自动化水平，缩短了除焦时间，装置除焦开关时间将由 3.5h 缩短到 10min，可使装置总体处理量提高 15% ~ 20%。同时，减少了环境污染，消除了安全隐患。

2008 年 7 月，首台 JHF1500 焦化塔底阀在兰州石化公司炼油厂 120×10^4t/a 延迟焦化装置上投入使用，运行 5 年使用状况良好。

专利列表：

序号	专利名称	专利类型	专利号／申请号
1	焦化塔底阀	实用新型	ZL200620079742.9
2	一种大口径平行单闸板闸阀	实用新型	ZL201020143613.8

（其宣传册和宣传片详见中国石油网站）

专家团队：张玉峰、戚达强、梁宗辉 等

联系人：梁宗辉

E-mail：liangzongh@cnpc.com.cn

电话：0931-7930706

4.17 特大功率烟气轮机

技术依托单位：中国石油渤海装备制造有限公司。

技术内涵：5 个技术系列，10 项特色技术，2 件专利。

技术框架：

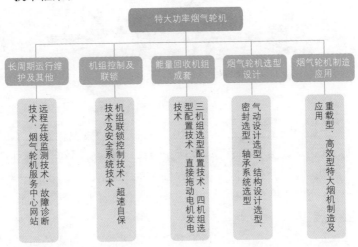

烟气轮机是一种利用高温工业废气中的能量推动涡轮透平旋转作功，带动其他设备或直接带动发电机发电的机械，是降低炼厂催化裂化装置能耗和污染的核心设备之一。2000 年来，配套千万吨级炼油厂建设的大型催化裂化装置用 3 万千瓦级烟气轮机，被列为国家"十五"重大技术装备研制项目。

特大功率烟气轮机包括烟气轮机制造应用、烟气轮机选型设计、能量回收机组成套、机组控制及联锁、长周期运行维护等技术系列。

2003 年 8 月，首台三万千瓦级特大功率烟气轮机在兰州投运，功率为 32800kW，使中国继美国之后成为第二个成功制造和应用三千瓦级特大功率烟气轮机的国家。

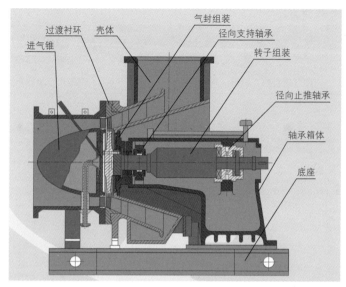

过渡衬环　壳体　气封组装　径向支持轴承　进气锥　转子组装　径向止推轴承　轴承箱体　底座

产品主要结构

截至 2011 年年底，YL 系列特大功率烟气轮机已累计销售 14 台，装机功率达 $30 \times 10^4 kW$，每年利用高温废气发电 $24 \times 10^8 kW \cdot h$，节能效益可达 12 亿元，同时节约燃煤、减排二氧化碳等社会效益巨大。

特大功率烟气轮机实物图

专利列表：

序号	专利名称	专利类型	专利号 / 申请号
1	烟气轮机轴承箱体防热辐射装置	实用新型	ZL200520127028.8
2	烟气轮机热态机械运转试验台	实用新型	ZL200520129836.8

（其宣传册和宣传片详见中国石油网站）

专家团队：李克雄、张玉峰、冀江 等

联系人：梁宗辉

E—mail：liangzongh@cnpc.com.cn

电话：0931—7930706

4.18 硫磺回收及尾气处理 CT 催化剂

技术依托单位：中国石油西南油气田公司。

技术内涵：8 件特色产品，4 项特色技术，11 件专利。

技术框架：

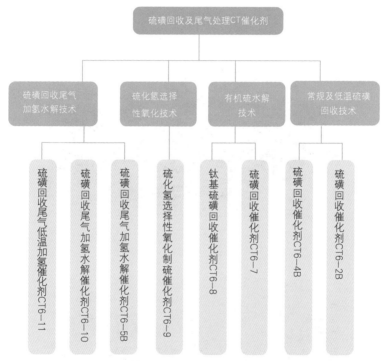

中国石油是国内最早从事天然气净化厂、炼油厂硫磺回收及尾气处理工艺技术和配套催化剂研发、生产和服务的单位。经过 50 余年的实践与探索，中国石油在硫磺回收及尾气处理技术领域取得了重大突破，开发了常规及低温克劳斯技术、有机硫水解技术、硫化氢选择性氧化技术及硫磺回收尾气加氢水解技术四大硫磺回收技术系列；并开发了硫磺回收及尾气处理系列催化剂产品（简称 CT

催化剂），拥有硫磺回收技术及催化剂制备专利技术。设有国家能源高含硫气藏开采研发中心和中国石油天然气集团公司高含硫气藏开采先导试验基地，拥有国内唯一的硫磺回收中试放大基地。

　　硫磺回收和尾气处理催化剂是通过催化克劳斯反应、有机硫水解反应和加氢水解反应将天然气净化厂和炼油厂产生的剧毒的含硫化氢气体转化为绿色环保的硫磺产品，达到最优的节能减排目的。

忠县天然气净化厂选择性氧化硫磺回收装置

金陵石化 10×10^4 t/a 硫磺回收装置

茂名石化 6×10⁴t/a 硫磺回收及尾气处理装置

硫磺回收及尾气处理 CT 催化剂在国内市场占有率达 75%，并出口巴基斯坦和印度尼西亚等国家，广泛应用于天然气净化厂和石油、石化及化工等行业，实现了酸性气体达标排放，大大减少二氧化硫等污染气体的排放对环境的影响，取得了突出的环境效益和社会效益。硫磺回收及尾气处理 CT 催化剂应用广泛，拥有广大的国内市场和国际市场。

专利列表：

序号	专利名称	专利号 / 申请号
1	模拟硫磺回收尾气燃烧效果的实验装置	ZL 200820079338.0
2	一种强制混合尾气灼烧炉	ZL 201010122084.8
3	一种内冷式直接氧化硫磺回收方法及装置	ZL 201010616433.1
4	一种除水型硫磺回收方法及装置	ZL 201010616431.2
5	一种硫回收有机硫水解的方法	ZL 201010231517.3
6	一种有机硫水解催化剂的制备方法	201010514234.x
7	一种克劳斯尾气 SO₂ 吸附剂及其制备	201310219881.1
8	一种钛基催化剂表面酸碱性优化方法	201210122157.2

续表

序号	专利名称	专利号/申请号
9	一种含硫化氢的酸性气体处理方法	201210194691.4
10	一种中低温硫回收有机硫水解方法与催化剂制备	201210579075.0
11	一种低温克劳斯硫磺回收催化剂处理方法	201310219840.2

（其宣传册和宣传片详见中国石油网站）

专家团队：常宏岗、岑嶺、陈胜永 等

联系人：张波

E-mail：zhang_b@petrochina.com.cn

电话：028-85336818

4.19 加氢反应器成套制造技术

技术依托单位：中国石油天然气第七建设公司。

技术内涵：4 个技术系列，12 项特色技术，4 件专利，4 项技术秘密。

技术框架：

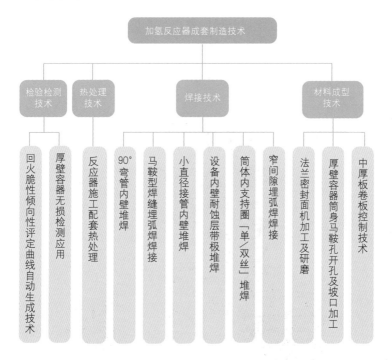

加氢反应器是石油石化行业用于油品加氢精制、重油深加工、油品升级等工艺的重要装备。随着环保优先理念的普及，清洁油品加工规模的发展，市场对加氢反应器设备的需求潜力巨大。

自 2010 年起，中国石油开始致力于加氢反应器制造技术的研发，在加氢反应器等高压厚壁设备的制造领域积累了丰富的经验，具备制造单台重量 700t、厚度 200mm 的板焊结构加氢反应器造能力，形成了国内领先、独具特色的加氢反应器成套制造技术。

中国石油独立研发的加氢反应器成套制造技术包含四大系列、12 项特色技术，突破了行业内原有的制造技术壁垒，跻身国内八大制造厂商之列。运用该技术制造的银鲛牌加氢反应器，产品设计结构先进，制造工艺领先，满足工艺过程各种运作方案的需要；产品制造周期短，使用可靠性高，便于维护检修，投资费用较低。2014年 10 月 16 日，银鲛牌加氢反应器产品获得中国焊接协会颁发的"全国优秀焊接工程奖"。

产品现场安装

银鲛牌加氢反应器现已在广西、大港、大庆、山东等多处石油炼厂成功应用，广受客户好评。截至 2015 年，中国石油采用加氢反应器成套制造技术生产银鲛牌反应器 59 台，加工重量超过 6000t。

专利列表：

序号	专利名称	专利号 / 申请号
1	翻转施工夹具	ZL 201220264443.8
2	取样电钻	ZL 201420053873.4
3	重型容器筒节翻转装置	ZL 201520110585.2
4	内壁堆焊弯管的加工方法	ZL 201210401040.8

（其宣传册和宣传片详见中国石油网站）

专家团队：谢育辉、聂颖新、王国超 等

联系人：殷蜀越

E-mail：ysy6711@cpscc.com.cn

电话：18678619605

4.20　高压螺纹锁紧环换热器制造技术

技术依托单位：中国石油天然气第一建设公司。

技术内涵：4个技术系列，11项特色技术，2件专利，1项软件著作权，5项技术秘密。

技术框架：

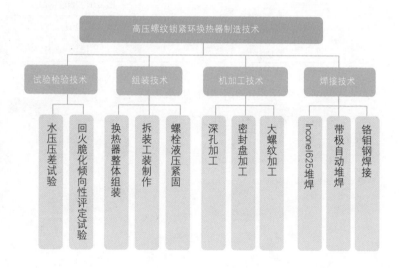

高压螺纹锁紧环换热器是加氢装置换热工段的核心设备，主要应用于加氢裂化、加氢脱硫、加氢精制、加氢改制等装置中。它具有耐高温、耐高压、结构紧凑、泄漏点少、密封可靠、节省材料、占地面积小等优点。高压螺纹锁紧环换热器结构复杂，机加工量大，装配精度高，拆卸需要借助专用工装完成，整体制造具有技术广、精度高、装配复杂的特点。

中国石油拥有包括高压螺纹锁紧环换热器焊接、机加工、试验检验及组装四大特色技术系列、11项特色技术，整体技术居于国内先进水平。能够为大型炼油企业加氢裂化、加氢脱硫、加氢精制、加氢改制等装置提供螺纹锁紧环换热器设计、制造、安装、检修一体化服务。

高压螺纹锁紧环换热器产品

现场应用

高压螺纹锁紧环换热器制造技术现已在中国石油四川石化有限责任公司、四川盛马化工股份有限公司、中国石油兰州石化公司、中国石油云南石化有限公司、中国石油广西石化公司等公司顺利完成了50余台（套）螺纹锁紧环换热器的制造、现场拆分及组装，所有设备至今运行良好。

（其宣传册和宣传片详见中国石油网站）

专家团队：常西斌、王启宇、董秋英 等

联系人：董秋英

E-mail：dongqiuying.se@cnpc.com.cn

电话：0379-65972686

4.21　天然气净化处理成套技术

技术依托单位：中国石油集团工程设计有限责任公司。

技术内涵：6 个技术系列，17 项特色技术，37 件专利，21 项专有技术。

技术框架：

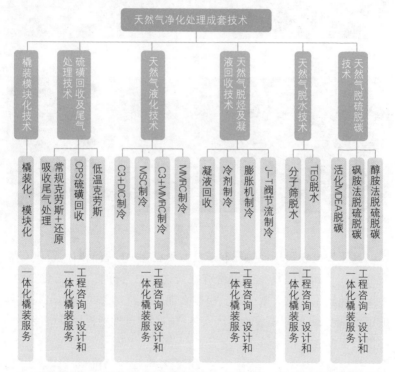

中国石油一直致力于各类天然气的处理，经过 50 多年的科技创新和技术积累，在天然气脱硫、脱碳，脱水，脱烃及凝液回收，天然气液化，硫磺回收及尾气处理，橇装模块化等方面成绩显著，形成了一系列具有自主知识产权的地面工程技术。特别是在含硫天然气净化处理及天然气液化方面独树一帜，整体技术达到国内领先、

国际先进水平。

　　中国石油天然气净化处理成套技术在国内外工程中得到了广泛应用。使中国四川气田、塔里木气田、长气田、长庆气田，土库曼斯坦复兴气田，哈萨克斯坦扎纳诺尔油田及坦桑尼亚纳姆兹湾气田等各类气田得到高效、安全、平稳开发。先后建成脱硫、脱碳装置52套，脱水装置75套，脱烃及凝液回收装置28套，天然气液化装置8套，硫磺回收及尾气处理装置50套。

醇胺法脱硫、脱碳装置

分子筛脱水装置

专利列表（部分）：

序号	专利名称	专利号/申请号
1	多级单组分制冷天然气液化方法	201210036583.4
2	带丙烯预冷的混合制冷循环系统及方法	201210124921.X
3	三循环复叠式制冷天然气液化系统及方法	201210124922.4
4	复合冷剂制冷二次脱烃凝液回收方法及装置	201110324533.1
5	改良低温克劳斯硫磺回收方法	2007100490142
6	综合制氢的硫磺回收及尾气处理系统及工艺	201410217288.8
7	含硫尾气低温催化氧化工艺方法	201410093980.4
8	一种天然气液化过程中脱除重烃的工艺装置及方法	201310335521.8
9	改良液硫脱气工艺	200810045845.7
10	一种脱除天然气中二氧化碳的复配型高效溶剂（CPC）	201010199212.9
11	单循环混合冷剂四级节流制冷系统	201220181778.3
12	双级多组分混合冷剂制冷天然气液化系统	201220052707.3
13	一种LPG脱除天然气中重烃的工艺装置	201320319268.2
14	克劳斯硫磺回收装置	201020177141.8
15	天然气脱硫脱碳深度净化系统	201220516853.7
16	一种新型酸性尾气处理装置	201320200302.4

（其宣传册和宣传片详见中国石油网站）

专家团队：陈运强、冼祥发、刘家洪 等

联系人：傅贺平

E-mail：fuheping@cnpc.com.cn

电话：028-86014419

4.22 煤制合成气高效净化技术

技术依托单位：中国寰球工程公司。

技术内涵：5 项特色技术，7 个特色工艺包，1 件专利。

技术框架：

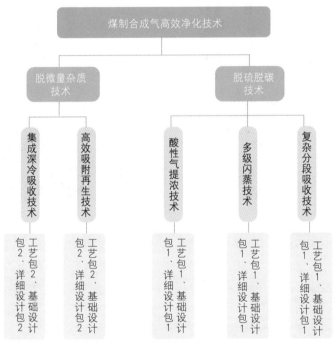

煤制合成气技术在煤化工领域中应用极为广泛，例如煤制合成氨、尿素、煤制油、煤制甲醇等。但煤制合成气成分复杂，必须经过净化处理之后才能进一步利用。因此，煤制合成气净化技术成为煤化工行业不可或缺的关键环节，在煤制合成气应用领域起着极为重要的作用。

低温甲醇洗工艺是煤制合成气的主要净化技术，具有净化度高、选择性好、操作费用低、溶剂价廉易得等优势。液氮洗技术配套低温甲醇洗技术，可脱除煤制合成气中残余的微量杂质，为氨合成装置提供合格的原料气，具有净化度高、冷量匹配合理、流程简洁、能耗低等优势。

液氮洗技术 3D 模型图

中国石油具有非常丰富的合成氨、尿素及煤化工项目的设计及工程总承包经验。以山东德州华鲁恒升大氮肥国产化工程为依托的煤制合成气高效净化技术（包括低温甲醇洗技术和液氮洗技术）及关键设备研制被列入"十五"国家重大技术装备研制课题。经中国石油和化学工业协会鉴定，技术水平达到国内领先水平，获得多项国家级、省部级奖励，并形成发明专利——"一种低温甲醇净化羰基气体的方法"。2006 年 9 月获中国石油天然气集团公司优秀工程设计一等奖。2006 年 11 月获中国石油和化学工业协会科技进步特等奖。2006 年 12 月获中国石油天然气集团公司技术创新二等奖。2008 年 2 月获全国优秀工程设计金奖。2008 年 12 月获国家科学技术进步二等奖。

山东华鲁恒升大氮肥装置全景图

　　近年来，中国石油相继完成了山东德州华鲁恒升大氮肥国产化项目、山东华鲁恒升化工股份有限公司原料煤本地化及动力结构调整项目以及安徽省淮南市环境污染综合治理项目等煤化工项目。在项目执行过程中，中国石油不断丰富合成气净化设计及工程总承包经验，培养了大量的优秀专业人才，逐步形成了特有的技术特色和行业优势，其业务遍及中国十余个省、市及自治区。

　　（其宣传册和宣传片详见中国石油网站）
专家团队：伍宏业、薛天祥、叶日新 等
联系人：林珩
E-mail：Linheng@hqcec.com
电话：010-58676652

4.23　丁腈橡胶生产成套技术

技术依托单位：中国石油石油化工研究院、中国石油兰州石化分公司、中国寰球工程公司。

技术内涵：5 个技术系列，14 项特色技术，14 件专利，17 项技术秘密。

技术框架：

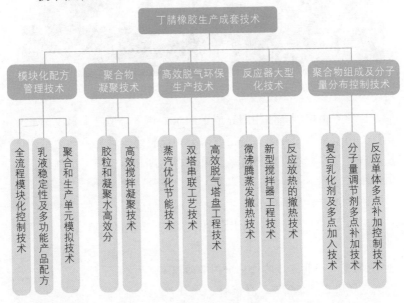

丁腈橡胶（NBR）是由丁二烯和丙烯睛采用低温乳液聚合技术制得的耐油性、耐磨性、耐热性较好且粘接力强的合成橡胶，具有优异耐油、耐热和低透气性，主要用于生产耐油胶管、阻燃输送带或密封制品、电线电缆、胶粘剂、印刷和箱包制品等方面，是国防、能源、交通等领域不可或缺的战略物资。

高性能丁腈橡胶技术含量高，研制难度大。拥有自主知识产权的中国石油丁腈橡胶成套工业化技术，2009 年建成 5×10^4 t/a 丁腈橡胶装置，成为国内丁腈橡胶生产能力最大、牌号最多的企业。产品应用广泛，逐步走向世界。

中国石油组织多年攻关，攻克丁腈橡胶产品化学组成和门尼黏度的控制、反应器大型化的传热传质、残留丙烯腈单体的脱除和功能化产品是 NBR 技术的关键，开发出具有自主知识产权的成套技术，实现了"两个第一、一个最大"：中国第一套具有自主知识产权的工业化丁腈橡胶生产技术；建成世界第一个完整的数字化丁腈橡胶装置系统；是世界单线生产能力最大的丁腈橡胶生产技术。三个系列 17 个牌号丁腈橡胶产品成功实现了工业化生产。为国产橡胶制品巩固国际市场份额赢得了先机（国内市场占有率44%），也标志着中国石油合成橡胶技术走在了世界前列。中国石油丁腈橡胶技术的优势：丁腈橡胶的结合丙烯腈含量波动范围控制在 0.5%，优于国外技术 2.0% 的波动范围。

丁腈橡胶聚合反应釜

5×10^4t/a 丁腈橡胶装置建成后，先后开发和生产了 NBR1806、NBR2905、NBR2906、NBR2907、NBR3304、NBR3305、NBR3306、NBR3308、NBR4005、N21L、NBR3604 等牌号的新产品，形成丁腈软胶和丁腈硬胶两大品种，结合丙烯腈含量从

18%～40% 四个系列、门尼黏度从 40～85 系列化产品格局。可生产不同应用特点的丁腈橡胶产品，满足市场的各类需求。

专利列表：

序号	专利名称	专利号 / 申请号
1	一种高转化率丁二烯 - 丙烯腈共聚橡胶的制造方法	ZL200710176679.X
2	一种不饱和共轭二烯腈共聚物的制备方法	ZL200810101784.1
3	一种高腈基含量丁腈胶乳的制备方法	ZL200910117311.5
4	粉末橡胶的制造方法	ZL200410046023.2
5	一种丁腈橡胶的加氢方法	ZL200510071103.8
6	一种高转化率的胶乳的制备方法	ZL200310115233.8
7	一种交联型丁二烯 - 丙烯腈共聚橡胶的制备方法	ZL200710176673.2
8	一种原位杂化增强丁二烯 - 丙烯腈 - 异戊二烯共聚物的制备方法	ZL201010114230.2
9	一种厚型浸渍制品衬里手套羧基丁腈胶乳的制备方法	ZL01123474.7
10	一种连续法凝聚制备粉末橡胶的方法	ZL03145918.8
11	一种橡胶胶乳凝聚的方法	ZL201010130406.3
12	氢化丁腈橡胶残余铑催化剂的脱除方法	ZL02104394.9
13	丁腈聚合反应器	ZL2012 1 0063796.6
14	一种胶乳的凝聚设备	ZL201020046747.8

（其宣传册和宣传片详见中国石油网站）

专家团队：王福善、龚光碧、刘吉平 等

联系人：李辉

E-mail：Lihui 002@petrochina.com.cn

电话：0931-7999332

4.24 聚酯工艺技术及成套装备

技术依托单位：中国昆仑工程有限公司。

技术内涵：9 项特色技术，3 件国外专利，23 件国内专利。

技术框架：

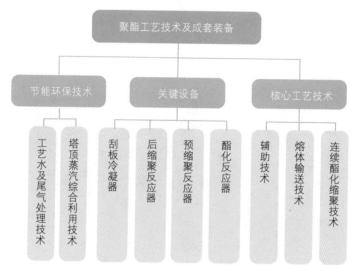

聚酯 (PET) 是由对苯二甲酸（PTA）和乙二醇（EG）经过直接酯化、连续缩聚的方法生成。纤维级聚酯可用于制造涤纶短纤维和涤纶长丝，涤纶作为化纤中产量最大的品种，占据着化纤近 80% 的市场份额。瓶级、膜级聚酯和工程塑料产品，广泛应用于包装业、电子电器、医疗卫生、建筑、汽车等领域，其中包装是聚酯最大的非化纤应用市场，也是增长最快的领域。

聚酯技术以精对苯二甲酸（PTA）和已二醇为原料，以锑系化合物作为催化剂，经过调配、酯化、缩聚、熔体输送、切粒等生产过程，最终合成聚酯（PER）产品。聚酯产品质量全部达到优级。中国石油聚酯技术具有操作条件温和、产品质量好、原料单耗低、综合能耗低等特点，综合技术处于世界领先水平。多次获得国家科学技术进步奖、国家优秀工程设计奖、全国优秀工程勘察设计奖等。

中国石油设计并建设了百余套聚酯装置，在产能的大型化、规模的系列化、操作的柔性化、产品的功能化方面持续保持国际领先地位。聚酯单线系列产能为（5～60）×10⁴t/a，并可采用"一头多尾"，实现单一装置上配套生产不同品种的产品。2000年至今，建设聚酯产能超过3500×10⁴t/a，占国内新增聚酯产能90%以上市场份额，占同期国外新增聚酯产能50%以上市场份额，经济效益显著。

连续拉联聚酯生产线

中国石油在聚酯工程建设领域取得了骄人的成绩，在大型化、系列化、柔性化、功能化方面持续保持国际领先地位。2000—2014年，采用中国石油自主开发专有技术设计建成投产和在建的聚酯产能占国内新增聚酯产能90%以上市场份额，占国外同期新增聚酯产能50%以上市场份额。中国石油聚酯技术总投资只有引进技术的10%～15%，累计为国家节省外汇超过150亿美元，并带动了国内外与之配套的装备制造业的发展。中国昆仑工程有限公司现已建成百余项聚酯项目。

专利列表：

序号	专利名称	专利号/申请号
1	生产聚对苯二甲酸乙二醇酯的高效简化连续工艺及装置	ZL200410046173.3
2	混合式聚酯酯化反应器	ZL200910085293.7
3	高效多段式终缩聚反应器	ZL200910085294.1
4	连续式阳离子改性聚酯生产方法及连续生产阳离子改性聚酯熔体并直接纺聚酯纤维的系统	ZL200910086415.4
5	预缩聚反应器装置	ZL200910085295.6
6	用射流引射器抽吸聚酯装置尾气进行处理的方法及系统	ZL200910086413.5
7	预缩聚反应器	ZL201210314489.0
8	高效、简化组合式预缩聚反应器	ZL200420064714.0
9	新型圆盘反应器	ZL200420064712.1
10	混合动力外循环式聚酯酯化反应器	ZL200420064713.6
11	生产聚对苯二甲酸乙二醇酯的高效简化装置	ZL200520002231.2
12	利用聚酯工艺废蒸汽制冷的装置	ZL200920173005.9
13	用射流引射器抽吸聚酯装置尾气进行处理的系统	ZL200920173006.3
14	连续生产阳离子改性聚酯熔体并直接纺聚酯纤维的系统	ZL200920173003.X
15	有机酸性废水处理系统	ZL200920173004.4
16	预缩聚反应器	ZL201220436771.1
17	可用于聚酯反应器的防堵式吹气法液位计	ZL201220436443.1
18	熔体直纺在线添加系统	ZL201320133307.X
19	酯化反应器	ZL201320133351.0
20	三维滑动盘管装置	ZL201320305715.9
21	人孔结构	ZL201320305400.4

序号	专利名称	专利号/申请号
22	可连续生产直纺共聚型磷系阻燃聚酯的生产系统	ZL201320305521.9
23	连续生产抗静电聚酯熔体并连续拉膜的生产系统	ZL201320305682.8
24	新型循环式酯化反应器	RU2397016
25	新型预缩聚反应器	RU2398626
26	笼盘式终缩聚反应器	RU2403968

（其宣传册和宣传片详见中国石油网站）

专家团队：周华堂、许贤文、罗文德 等

联系人：张俊宏

E-mail：zhangjunhong01@cnpc.com.cn

电话：010-68395295

4.25　炼化污水和回用水处理技术

技术依托单位：中国昆仑工程有限公司。

技术内涵：3 个技术系列，10 项特色技术，10 件专利，9 项技术秘密。

技术框架：

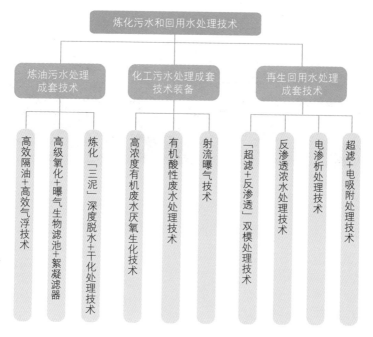

工业用水量的剧增以及水体污染，严重影响了人们的生产、生活，也严重制约着当地经济的发展。工业污水处理达标排放或循环利用，已经成为一种势在必行的需求，这是资源节约和绿色环保的要求。经过不断的努力探索和研发改进，中国石油取在污水处理技术上，形成了炼化污水和回用水处理成套技术，已在国内多家企业得到应用，并与国内外多家专业公司形成密切合作。

炼化污水和回用水处理成套技术已相继在中国石油辽阳石化公司精对苯二甲酸(PTA)污水处理工程、总排污水深度处理工程及其现有污水处理设施改造工程,中国石油宁夏石化公司污水处理工程,中国石油抚顺石化公司污水处理场改造和中国海油惠州炼化公司污水处理场改造等21项工程中推广应用,取得了良好的经济效益和社会效益。

化工污水处理装置

中国昆仑工程有限公司依靠自主污水处理技术的优势、工程经验和服务能力,承担完成的环境治理工程项目建设投资超过60亿元,其中大型PTA工业污水处理承包工程10余项,签约合同实现收入15亿元,占国内同期同类工程市场份额75%以上;承接其他炼油化工污水处理工程10余项,工业尾气处理工程10项。为实现绿色发展、可持续发展作出了卓越贡献。多次获得国家、省部级科技进步奖、优秀设计奖和优秀工程承包管理奖等。

逸盛石化有限公司PTA项目污水处理工程由中国昆仑工程公司EPC总承包。两期均采用厌氧+两级好氧专有技术,出水CODcr不大于50mg/L,装置运行平稳,处理效果好。该工程获得由石油天然气工程建设质量奖审定协会及中国石油工程建设协会2012年石油工程设计二等奖,以及全国工程勘察设计行业第七届优秀工程总承包项目铜钥匙奖。中国石油辽阳石化公司总排污水深度处理工程由中国昆仑工程公司 EPC 总承包，采用"连续砂过滤＋高级氧化＋曝气生物滤池＋絮凝过滤"工艺，于 2011 年 12 月建成投产，出水 CODcr 不大于 50mg/L，每年可减排 CODcr 936t，该工程获得中国石油工程建设协会 2013 年石油工程设计二等奖。

逸盛大化石化有限公司 PTA 项目污水处理工程

专利列表：

序号	专利名称	专利号／申请号
1	有机酸性废水处理系统	200920173004.4
2	具有氮气保护功能的污泥干化系统	201320616093.1
3	蒸汽热循环污泥干化系统	201220690892.9
4	污泥超声脱水系统	201320305708.9
5	蒸汽热循环污泥干化的方法及系统	201210541006.0
6	前置预氧化实现快速启动短程硝化反硝化处理废水的方法	201310463076.3
7	低曝气量下实现生物膜载体悬浮的反应器搅拌装置	201310463077.8

序号	专利名称	专利号/申请号
8	滤料自动连续清洗的曝气生物滤池	201510393165.4
9	适用于炼油和化工污水处理的厌氧颗粒污泥快速培养方法	201510714827.3
10	结构改进型的上流式厌氧污泥床反应器	201510714919.1

（其宣传册和宣传片详见中国石油网站）

专家团队：周华堂、许贤文、李耀彩 等

联系人：陶卫克

E-mail：taoweike@cnpc.com.cn

电话：010-68395510

4.26 丙烯酸及酯产品生产成套技术

技术依托单位：中国石油集团东北炼化工程有限公司。

技术内涵：2 个技术系列，16 项特色技术，20 件专利。

技术框架：

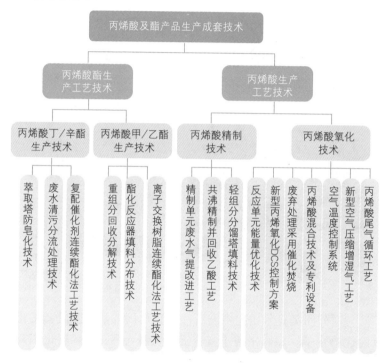

丙烯酸及酯是有机化工极其重要的原料和中间体。因其具有优良的耐候、耐紫外线、耐水、耐热等特性。在化工、纺织、造纸、洗涤剂等众多领域展现出优异的应用前景。

20 世纪 90 年代，中国石油在消化吸收国外先进技术的基础上，通过集成和技术创新，与国内外科研机构联合开发编制了具有自主知识产权的丙烯酸及酯第 I 代成套工艺技术。随着市场对生产规模需求的进一步扩大，中国石油在原有第 I 代生产技术的基础上，对限制生产规模的工艺单元进行了相关优化，从而形成了生产规模达到 $8 \times 10^4 t/a$ 的丙烯酸及酯第 II 代成套工艺技术。鉴于国内大型丙烯酸生产厂相继问世，近年来，中国石油在原有技术的基础上，对现有丙烯酸及酯各单元的工艺进行优化和改进，达到降低原材料的消耗，降低污染物的排放量，降低单位产品的能耗，从而形成具有中国石油自主知识产权的 $10 \times 10^4 t/a$ 丙烯酸及酯第 III 代成套技术。

生产基地

与国外同类技术相比中国石油第 III 代丙烯酸及酯成套工艺技术的优势在于：原料来源丰富，工艺路线合理，丙烯转化率高达99%，丙烯酸收率达 88%；生产稳定、安全、可靠、高效；催化剂使用寿命长。打破了国外丙烯酸及酯技术市场垄断的局面，高水平地实现了丙烯酸及酯技术的国产化，对我国在有机化工生产技术领域自主技术创新方面起到积极推动作用。中国石油在巩固国内丙烯酸及酯工程市场的同时，打破了国外技术垄断，创立了中国石油产品品牌、拓展国内外丙烯酸及酯市场。如今中国石油已成为世界丙烯酸及酯行业重要的专利商和生产商。

专利列表：

序号	专利名称	专利号/申请号
1	丙烯酸共沸精制并回收乙酸工艺	ZL 200610016582.8
2	制备（甲基）丙烯酸丁酯的方法	ZL 200610163204.2
3	丙烯酸装置中丙烯氧化单元 DCS 控制系统	ZL 200710056289.9
4	丙烯两步加氧法丙烯酸的改进工艺	ZL 200810050354.1
5	丙烯两步加氧法制丙烯酸的新鲜空气温度控制系统	ZL 200810050355.6
6	丙烯两步加氧法制丙烯酸生产装置中精制单元的改进工艺	ZL 200810050543.9
7	丙烯酸及酯装置保温伴热系统	ZL 200910066407.3
8	丙烯酸装置反应单元的能量优化利用工艺	ZL 200910066408.8
9	丙烯两步加氧法制丙烯酸的混合器	ZL 200910067180.4
10	丙烯酸氧化单元工艺流程自动控制系统	ZL 200720094566.0
11	在丙烯酸生产装置中的空气控制系统	ZL 200820071338.6
12	丙烯酸及酯装置保温伴热系统	ZL 200920092802.4
13	丙烯酸废气色谱分析系统	ZL 200920093077.2
14	丙烯酸装置用混合器	ZL 200920093894.8
15	丙烯酸生产中产反应器上安装热电偶用装置	ZL 201220719489.4
16	丙烯酸及酯装置薄膜蒸发器夹套加热介质控制系统	ZL 201220047426.9
17	一种丙烯酸反应器爆破膜的导流筒	ZL 201320072984.5
18	一种丙烯酸生产中的丙烯酸洗涤装置	ZL 201320160718.8
19	丙烷一步法制丙烯酸反应器的控制系统	ZL 201320197589.x
20	丙烷一步法制丙烯酸反应器熔盐的撤热用自动控制系统	ZL 201320176550.x

中国石油丙烯酸及酯技术可以生产聚合级丙烯酸、丙烯酸甲酯、丙烯酸乙酯、丙烯酸丁酯、烯酸异辛酯等一系列优质丙烯酸及酯产品。

（其宣传册和宣传片详见中国石油网站）

专家团队：田霖、白元峰、巩传志 等

联系人：李欣平

E-mail：jly_lxp0131@petrochina.com.cn

电话：0432-63911308

附录：宣传册、宣传片

宣传册 PDF 文件和宣传片详见中国石油天然气集团公司网站"业务中心"→"科技创新"→"科技成果"→"技术有形化"链接。网址：http://www.cnpc.com.cn/cnpc/kjcg/kjcx_index.shtml